Mehrez Ben Nasr

Estudo do impacto dos factores na rendibilidade dos activos financeiros

Mehrez Ben Nasr

Estudo do impacto dos factores na rendibilidade dos activos financeiros

ScienciaScripts

Imprint
Any brand names and product names mentioned in this book are subject to trademark, brand or patent protection and are trademarks or registered trademarks of their respective holders. The use of brand names, product names, common names, trade names, product descriptions etc. even without a particular marking in this work is in no way to be construed to mean that such names may be regarded as unrestricted in respect of trademark and brand protection legislation and could thus be used by anyone.

Cover image: www.ingimage.com

This book is a translation from the original published under ISBN 978-620-6-71507-8.

Publisher:
Sciencia Scripts
is a trademark of
Dodo Books Indian Ocean Ltd. and OmniScriptum S.R.L publishing group

120 High Road, East Finchley, London, N2 9ED, United Kingdom
Str. Armeneasca 28/1, office 1, Chisinau MD-2012, Republic of Moldova, Europe
Printed at: see last page
ISBN: 978-620-7-98695-8

AGRADECIMENTOS

Este trabalho foi realizado sob a supervisão científica do Sr. /avier Bouna Niang, Diretor-Geral da Typhoon Partners, Londres, Reino Unido, e da Sra. Nozha Karmous, Analista Quantitativa do HSBC, Paris, França. Gostaria de lhes expressar os meus mais sinceros e respeitosos agradecimentos pela direção deste trabalho e pelos seus constantes conselhos e encorajamentos. Usaram sempre o seu bom humor, paciência e amabilidade para atenuar os momentos mais tensos. Gostaria de lhes expressar a minha extrema gratidão.

Ao Sr. Hichem Rammeh, meu tutor universitário e responsável pelo Mestrado em Atuariado na Universidade Paris Dauphine de Tunes, estou muito grato por toda a ajuda que me deu, pela sua modéstia e compreensão.

Gostaria de agradecer sinceramente a todos os membros do meu júri por terem aceite avaliar o meu trabalho.

Gostaria também de agradecer calorosamente à Sra. Claudine DHUIN, coordenadora do MIDO com a Dauphine Tunis, pela sua disponibilidade, ajuda, encorajamento e conselhos inestimáveis.

Gostaria também de agradecer a todos os meus colegas e companheiros de turma pela sua simpatia e apoio moral, bem como pelo bom humor que mantiveram.

Gostaria também de agradecer a todos aqueles que contribuíram de alguma forma para tornar este trabalho uma realidade.

Resumo

Esta dissertação é um relatório sobre um estágio efectuado na Typhoon Partner, uma empresa de investimento proprietária domiciliada no Reino Unido, especializada no desenvolvimento de estratégias de investimento quantitativas.

Centraremos o nosso estudo nos retornos intra-sectoriais e inter-sectoriais relativos às caraterísticas fundamentais das acções dos EUA. Após uma análise aprofundada dos conceitos básicos de risco e das questões relacionadas com a gestão do risco, começamos por analisar as diferentes medidas de risco associadas a cada sector (VaR, Expected Shortfall, etc.). Em segundo lugar, recorrendo à literatura relevante, aplicamos um modelo estatístico para explicar as rendibilidades cruzadas dos activos no universo das acções, utilizando os rácios financeiros selecionados para estudar o desempenho das acções dentro de um sector e entre vários sectores. Por último, analisamos a comparação de um certo número de estratégias de investimento e de seguros de carteira.

Palavras-chave: Acções, SPDR ETF, FM Regressão transversal, Valor em risco, Expected Shortfall , Estratégia de investimento, Seguro de carteira.

Resumo

O presente trabalho é um relatório do estágio realizado na "Typhoon Partner", uma empresa de investimento por conta própria domiciliada no Reino Unido, especializada no desenvolvimento de estratégias de investimento quantitativas. Centraremos o nosso estudo nos retornos intra-sectoriais e inter-sectoriais relacionados com as caraterísticas fundamentais das acções americanas. Depois de termos analisado os conceitos básicos de risco e as questões relacionadas com a gestão desses riscos, interessam-nos, em primeiro lugar, as diferentes medidas de risco associadas a cada sector (VaR, Expected Shortfall, ...). Em segundo lugar, aplicamos, com os dados bibliográficos pertinentes, um modelo estatístico que explica as rendibilidades cruzadas do universo das acções através de rácios financeiros utilizados para estudar as acções de desempenho dentro de um sector e entre vários sectores. Por último, centrar-nos-emos na comparação de algumas estratégias de investimento e de seguro de carteiras.

Palavras-chave: Acções, ETFs SPDR, Regressão transversal FM, Valor em risco, Expected Shortfall, Estratégia de investimento, Seguro de carteira.

ÍNDICE DE CONTEÚDOS

INTRODUÇÃO

O mundo tem vivido uma série de crises bancárias e financeiras, a mais recente das quais teve início nos Estados Unidos no outono de 2008, antes de se propagar a todos os países do mundo. Por conseguinte, a análise e a avaliação dos riscos, que envolvem a análise dos riscos, o estudo dos indicadores de risco e o cálculo da medição dos riscos, constituem atualmente um domínio de estudo muito ativo. A gestão do risco financeiro é a solução imediata para a qual actuários, economistas e gestores financeiros se voltaram desde a última crise, com o objetivo de estudar melhor o mercado financeiro para minimizar as perdas potenciais dos activos que compõem uma carteira.

Consequentemente, o âmbito do trabalho atuarial já não se limita às companhias de seguros, tendo-se alargado ao domínio das finanças. O desenvolvimento considerável dos mercados financeiros está associado a novos riscos. Isto encorajou-me a fazer o meu estágio num fundo de investimento.

O nosso projeto atual insere-se neste esforço de melhoria dos indicadores de risco actuais. O nosso objetivo é estudar as rendibilidades intra-sectoriais e inter-sectoriais em relação às caraterísticas fundamentais das acções dos EUA. Para o efeito, interessa-nos a aplicação prática de um modelo estatístico que explique as rendibilidades entre activos no universo das acções. O nosso estudo está dividido em cinco capítulos. O primeiro capítulo introduz os conceitos básicos de risco e as questões envolvidas na gestão do risco. Depois de definir e identificar os vários riscos, definimos os instrumentos financeiros que nos serão úteis e que nos permitem cobrir esses riscos. O segundo capítulo será dedicado à teoria financeira estudada durante o curso e às definições das variáveis que nos interessam neste trabalho. O terceiro capítulo aborda as diferentes ferramentas matemáticas e estatísticas utilizadas durante o curso. O quarto capítulo é dedicado à definição da metodologia do trabalho, da parte experimental e da análise e exploração dos dados. Finalmente, a extensão às estratégias de investimento e aos seguros de carteira será objeto do último capítulo.

Encerramos o nosso relatório com uma conclusão geral, apresentando os principais resultados obtidos.

Capítulo I Teoria do risco

Neste capítulo, apresentamos os conceitos básicos de risco e as questões relacionadas com a gestão desses riscos. Depois de definir e identificar os vários riscos, definimos os instrumentos financeiros que serão úteis no nosso trabalho e que podem ser utilizados para cobrir esses riscos.

1.1 Introdução

Um risco é um acontecimento potencial cuja ocorrência é suscetível de ter um impacto negativo sobre uma pessoa ou uma organização. O risco pode ser definido como a variabilidade ou volatilidade de um resultado inesperado. É geralmente medido pela variância ou desvio padrão do desempenho passado, que é a abordagem histórica para medir o risco. Embora todas as empresas estejam expostas a situações de incerteza, as instituições financeiras enfrentam certos tipos de risco que são algo especiais devido à natureza específica das suas actividades.

O objetivo geral das instituições financeiras é maximizar o lucro e o valor para os acionistas, oferecendo uma variedade de serviços financeiros e optimizando os riscos incorridos.

Existem várias formas de classificar os riscos. A primeira consiste em distinguir entre risco comercial e risco financeiro. O risco comercial está relacionado com a atividade da própria empresa. Este risco diz respeito a factores que afectam o produto (ou o mercado).

O risco financeiro diz respeito a perdas potenciais no mercado financeiro causadas por movimentos nas variáveis financeiras (Jarion e Khoury 1996, p2). Está frequentemente associado ao efeito de alavanca, que conduz ao risco de os passivos e as dívidas não corresponderem aos activos correntes (Geleason 2000, p21).

O risco pode também ser dividido em risco sistemático e não sistemático.

Risco sistemático: O risco acionista pode ser geral ou específico de uma empresa. O risco geral (ou sistemático) refere-se às flutuações de preços resultantes da tendência geral dos mercados bolsistas. Por exemplo, o valor de uma ação pode cair nos mercados sem que a situação económica da empresa se tenha alterado.

Risco não sistemático: O risco específico ou não sistemático depende da empresa em causa. Por exemplo, certos factores podem provocar a queda da cotação de uma ação, apesar de a bolsa ou as cotações de empresas semelhantes estarem a subir. Os factores de risco específicos incluem acontecimentos negativos (greves, crises de gestão, maus resultados anuais), bem como boas notícias (assinatura de um contrato importante, produtos inovadores, boas perspectivas comerciais). Os acontecimentos que ocorrem aleatoriamente numa empresa têm um impacto nas flutuações do preço das acções (volatilidade), mas não podem ser antecipados.

Enquanto o risco sistemático está associado ao mercado ou ao estado da economia em geral, o risco não sistemático está ligado a uma empresa específica. Enquanto o risco não sistemático pode ser atenuado através da diversificação da carteira, o risco sistemático não pode ser eliminado através da diversificação. Partes do risco sistemático podem ser reduzidas através de técnicas de mitigação e transferência de risco.

As técnicas utilizadas para proteger contra o risco incluem a normalização de todas as actividades, a diversificação da carteira e a implementação de um plano de responsabilização e motivação.

No entanto, existem riscos que não podem ser eliminados ou transferidos e que devem ser tratados pela instituição. O primeiro deve-se à complexidade do risco e à dificuldade do ativo a que está associado. O segundo risco é aceite pela instituição financeira porque está intimamente ligado à instituição (ou pode fazer parte do apetite de risco da instituição). São exemplos destes riscos o risco de crédito, o risco de taxa de juro e o risco cambial.

1.2 Riscos financeiros

Um risco financeiro é o risco de perder dinheiro em resultado de uma transação financeira (envolvendo um ativo financeiro) ou de uma transação económica com impacto financeiro (por exemplo, uma venda a crédito ou em moeda estrangeira).

Os principais tipos de risco financeiro são os seguintes:

- **Risco de mercado**: é o risco de perda que pode resultar de flutuações nos preços dos instrumentos financeiros que compõem uma carteira. O risco pode estar relacionado com os preços das acções, as taxas de juro, as taxas de câmbio, os preços dos produtos de base, etc. .... Este risco é geralmente medido pela volatilidade do mercado, que é uma medida estatística que não pode, no entanto, refletir inteiramente todas as incertezas inerentes aos mercados, e muito menos à economia em geral. O risco de mercado é expresso pelo prémio de risco para o mercado em geral e pelo coeficiente beta para as variações do preço de um determinado ativo em relação ao mercado.

- **Risco de** contraparte: o risco de contraparte é o risco de crédito decorrente das exposições actuais e potenciais resultantes das transacções da Caixa em instrumentos financeiros fora de bolsa.

As transacções de instrumentos financeiros derivados são efectuadas com instituições financeiras cuja notação de crédito é estabelecida por agências de notação reconhecidas e cujos limites operacionais são fixados pela direção. Além disso, a Caixa celebra acordos jurídicos baseados nas normas da Associação Internacional de Swaps e Derivados (ISDA), que lhe permitem beneficiar do efeito de compensação entre os montantes em risco e a troca de garantias, a fim de limitar a sua exposição líquida a este risco de crédito.

- **Risco de crédito:** representa a possibilidade de incorrer numa perda de valor de mercado no caso de um mutuário, endossante, garante ou contraparte não cumprir um empréstimo ou outro compromisso financeiro, ou sofrer uma deterioração da sua posição financeira.

A análise do risco de crédito inclui a medição da probabilidade de incumprimento e a taxa de recuperação dos títulos de dívida detidos pela cooperativa de crédito, bem como o acompanhamento das alterações na qualidade de crédito dos emitentes e grupos de emitentes cujos títulos são detidos em todas as carteiras da cooperativa de crédito. No âmbito da sua gestão do risco de crédito, a Caixa acompanha frequentemente a evolução das notações de crédito das agências de notação e compara-as com as notações de crédito internas, quando disponíveis. Utiliza também o VaR de crédito para as suas carteiras de obrigações especializadas, obrigações de longo prazo, obrigações de rendimento real e dívida imobiliária.

O risco de crédito e o risco de contraparte são dois conceitos que, por vezes, são permutáveis. Por exemplo, digamos que quer comprar uma obrigação do Tesouro espanhol e que também quer proteger-se contra o risco de incumprimento da Espanha.

Assim, compra um CDS (Credit Default Swap), um contrato que funciona como um seguro contra um eventual incumprimento.

Podemos falar de risco de contraparte e de risco de crédito para a obrigação espanhola: este corresponde ao facto de a Espanha poder entrar em incumprimento e não nos reembolsar todos os fundos que lhe emprestámos (como no caso da Grécia em 2008).

Podemos apenas falar do risco de contraparte do CDS: o banco que nos vendeu este CDS é suposto, em caso de incumprimento por parte de Espanha, ser a contraparte.

- **O risco de liquidez** é o risco de o Grupo não poder fazer face às suas responsabilidades financeiras numa base contínua sem ter de obter fundos a preços anormalmente elevados ou vender activos à força. Corresponde igualmente ao risco de não ser possível desinvestir rapidamente ou investir sem afetar de forma acentuada e adversa o preço do investimento em questão.

- **Risco de taxa de juro**: estrutural (por oposição ao risco de taxa de juro de mercado): trata-se do risco associado aos empréstimos, ou seja, gerado por um desfasamento entre activos e passivos. É o risco de uma evolução desfavorável das taxas de crédito. Por exemplo, um mutuário de taxa variável incorre em risco de taxa de juro quando as taxas sobem, porque tem de pagar mais. Inversamente, um mutuante incorre num risco quando as taxas descem, porque perde rendimentos.

Para um banco, trata-se do risco de que as variações das taxas de mercado façam com que o custo da remuneração dos depósitos exceda os ganhos gerados pelos juros dos empréstimos concedidos.

- **Risco meteorológico**: é o risco de perda potencial de vendas ou de lucros devido a variações meteorológicas. Diz respeito às quatro principais famílias meteorológicas: temperatura, precipitação, sol e vento. O risco meteorológico diz respeito apenas às variações normais das condições meteorológicas. Diz respeito ao impacto potencial no desempenho de uma empresa de uma anomalia meteorológica, ou seja, a flutuação em torno do seu valor médio. Em meteorologia, a média (também designada por normal) é geralmente calculada ao longo de 30 anos. Note-se que este risco não é significativo para os bancos, exceto talvez para os produtos de base.

- **Risco país**: em sentido estrito, o risco país é a probabilidade de um país não conseguir pagar o serviço da sua dívida externa. Por outro lado, se um país atravessar uma crise muito grave (guerra, revolução, falências em cascata, etc.), mesmo as empresas "de confiança", apesar da sua credibilidade, encontrar-se-ão em dificuldades. Trata-se de um risco de contraparte ligado ao ambiente da contraparte.

- **Risco operacional**: para as instituições financeiras (banca e seguros), o risco operacional é o risco de perda direta ou indireta devido a uma inadequação ou falha dos procedimentos da instituição (análise ou controlo inexistente ou incompleto, procedimento não seguro, fraude), do seu pessoal (erro, dolo e fraude), dos sistemas internos (falha informática, etc.) ou de riscos externos (inundação, incêndio, etc.).
- **Risco de concentração:** o risco associado a uma elevada concentração de investimentos em determinadas classes de activos ou mercados. Quanto maior for a distribuição dentro do fundo, menor será o risco de concentração.
- **Risco de base:** ligado ao movimento de um preço subjacente em relação ao preço da sua cobertura (put, contrato de futuro, etc.). Uma vez que a cobertura nem sempre é perfeita, pode surgir um diferencial de preço, designado por risco de base.
- **O risco de inflação** é o risco associado à inflação. Em termos concretos, quando a inflação aumenta num determinado país, o poder de compra da moeda desse país diminui. As obrigações garantem uma determinada taxa nominal. Deduzindo a inflação a esta taxa nominal, obtém-se a "taxa real". Por conseguinte, quanto maior for a inflação, menor será a taxa real (o que se traduz numa queda do valor da obrigação).
- **Risco de desempenho:** Os riscos que afectam o desempenho. Este risco é uma combinação do risco de mercado e da política ativa do gestor. O risco pode variar em função das escolhas efectuadas por cada fundo e da existência, ausência ou limitação de garantias de terceiros.

1.3 Definição de instrumentos financeiros

Nesta secção, apresentamos as diferentes ferramentas financeiras que serão utilizadas neste trabalho.

1.3.1 Contratos a prazo

Um contrato de futuros é uma transação negociada entre duas contrapartes (o comprador e o vendedor) num mercado organizado e regulamentado denominado "mercado de futuros". Representa um compromisso de compra (para o comprador) e de venda (para o vendedor) de um produto a um preço e numa data previamente determinados. Os contratos de futuros são utilizados tanto para fins de cobertura como para fins especulativos. Um contrato de futuros não é uma opção. Deve ser comprado ou vendido na data de vencimento.

Os componentes de um contrato de futuros são os seguintes:

- **O subjacente:** é o ativo em que se baseia o contrato. O ativo subjacente a um contrato de futuros pode ser um ativo físico (mercadorias ou produtos agrícolas), um instrumento financeiro (acções, obrigações, taxas de juro, taxas de câmbio) ou um mercado de acções ou um índice meteorológico.
- **O prazo:** é a data de expiração do contrato. Para os contratos de futuros, as datas de vencimento são normalizadas (terceira sexta-feira do mês de vencimento).
- **O preço:** é o montante pelo qual se concorda em comprar ou vender o ativo subjacente.

Operadores do mercado de futuros :

- **Especuladores:** especulam sobre o valor dos activos ligados ao contrato de futuros, assumindo um risco superior à média para obter um maior potencial de lucro.

- **Hedgers:** o objetivo dos hedgers é utilizar um contrato de futuros para se protegerem, ou seja, para se protegerem contra uma possível volatilidade no objeto do contrato a prazo, são utilizadores diretos do item coberto.

Por exemplo, um contrato a prazo é um acordo entre duas partes para comprar ou vender um ativo numa data futura, por um preço fixado antecipadamente. Para saber o valor de um contrato a prazo, basta conhecer a relação entre o preço a prazo e o preço à vista. Existem dois tipos de preços:

Preço a prazo simples. Seja r a taxa de juro sem risco, neste caso :

$$F0= s_0 \exp(rT)$$

Preço a prazo com taxa de dividendos. Se o subjacente pagar dividendos à taxa q (por exemplo, uma ação ou um índice Price Return), a equação passa a ser :

$$F0 = s_0 \exp((r-q)T)$$

1.3.2 ETF (Exchange Traded Funds) ou trackers

Um index tracker, ou fundo negociado em bolsa (também conhecido como ETF), é um tipo de fundo de investimento em valores mobiliários que replica um índice do mercado de acções (um fundo de índice), um ativo ou simplesmente uma estratégia negociada em bolsa.

Estes fundos são geridos em França por organismos de investimento coletivo em valores mobiliários, também designados OICVM indexados.

Princípio do rastreador :

O objetivo de um index tracker é reproduzir o desempenho de um índice de acções, de um índice de obrigações ou de um índice de mercadorias. A maioria dos trackers reproduz um índice geral do mercado de acções ou um índice setorial, como as empresas do sector farmacêutico, independentemente do mercado de acções em que cada uma delas está cotada.

Ao contrário dos fundos de investimento tradicionais, os trackers não requerem a assistência de analistas financeiros. Trata-se, portanto, de um instrumento de gestão passiva. Os seus defensores acreditam que os analistas financeiros não são capazes de bater os índices bolsistas durante um longo período, pelo que não vale a pena pagar pelos seus serviços, e que é preferível comprar um tracker que replique um índice bolsista.

Em França, os trackers dividem-se em quatro categorias:

- Trackers sobre índices de mercado.
- Trackers sobre índices de mercadorias.
- Rastreadores de índices de estratégia.
- Fundos de acompanhamento ativo: ao contrário das outras categorias, estes não se

limitam a acompanhar o seu índice de referência. Existem fundos alavancados, fundos com proteção de capital e fundos que superam o índice.

Vantagens dos trackers:

- **A forma mais simples de** investir **no desempenho de um índice**: os trackers são a forma mais simples de investir no desempenho de um índice, uma vez que é possível reproduzir perfeitamente o desempenho do índice através da compra de um único título.
- **Transparência**: Pode saber o valor do tracker a qualquer momento, a cada 15 segundos. O valor líquido indicativo dos activos (iNAV) é atualizado para que possa comparar instantaneamente o preço das acções de um tracker com o seu valor teórico.
- **Redução do risco através da diversificação**: Os trackers dão aos investidores acesso a uma carteira diversificada de acções numa única transação a um preço reduzido.
- **Liquidez:** Os Trackers são cotados numa base contínua e são negociados da mesma forma que as acções ordinárias. Podem ser comprados e vendidos através dos seus intermediários habituais.
- **O processo de subscrição e resgate:** uma das principais caraterísticas dos trackers é o processo de subscrição e resgate em espécie. Ao subscrever, um investidor pode adquirir um determinado número de trackers (unidade de subscrição) em troca da entrega do cabaz de acções subjacente mais um pagamento em dinheiro. O resgate permite ao investidor que adquire um determinado número de trackers (unidade de resgate) receber em troca o cabaz de acções subjacente.

Desvantagens dos rastreadores:

- **Existe um risco de incumprimento por parte do banco:** O tracker sintético é uma carteira de acções que nada tem a ver com o índice em causa, mas com um desempenho semelhante. O seu gestor celebrou um contrato de swap com um banco de investimento para garantir o desempenho do fundo. Isto reduz os custos, mas existe um risco de incumprimento por parte do banco.
- **Volatilidade muito elevada:** Alguns fundos de índice utilizam alavancagem, um mecanismo do mercado de acções que lhe permite multiplicar os seus ganhos comprando acções com dinheiro que não possui. Podem duplicar ou triplicar o seu investimento. No

entanto, os trackers têm uma volatilidade muito elevada, uma vez que amplificam grandemente a mais pequena alteração no índice que seguem.

1.3.3 Análise do desempenho de uma carteira

Um dos objectivos da análise do desempenho é comparar diferentes gestores. Em 1993, a Association for Investment Management and Research (AIMR, EUA) definiu normas que foram entretanto revistas. A nível mundial, as normas são atualmente conhecidas como GIPS (Global International Performance Standards).

Rendibilidade de um ativo :

P_{t-1} é o preço de um ativo no momento t e D_t o dividendo pago entre t-1 e t incluído. A rendibilidade do ativo R_t no momento t é dada por :

$$R_t = \frac{P_t + D_t}{P_{t-1}} - 1$$

A rendibilidade logarítmica é definida por $r_t = \log(R_t + 1)$.

Note-se que a primeira fórmula é um D0LL de ordem 1 de rendibilidade logarítmica.

Rendibilidade entre t-k e t :

$$R_{t-k,t} = (1 + R_{t-k+1})(1 + R_{t-k+2}) \ldots (1 + R_t) - 1$$

Rentabilidade logarítmica entre t - k e t :

Rentabilidade empírica :

$$r_{t-k,t} = \sum_{s=t-k+1}^{t} r_s.$$

Média aritmética :

$$R_a = \frac{1}{T} \sum_{i=1}^{T} R_i.$$

Média geométrica

$$R_g = \left(\prod_{i=1}^{T} (1 + R_i)\right)^{1/T} - 1.$$

Indicadores empíricos de risco de carteira :

Conhecer a rendibilidade de uma carteira não é suficiente para avaliar a sua qualidade; duas carteiras podem ter a mesma rendibilidade média sem se comportarem da mesma maneira. Em particular, podem oscilar mais ou menos em torno da sua rendibilidade média, o que as torna mais ou menos imprevisíveis, ou mais ou menos arriscadas, no sentido em que podem assumir valores muito desfavoráveis se se afastarem demasiado da sua tendência média.

O indicador de risco mais comum é a variância (empírica):

$$Var(V) := \frac{1}{T}\sum_{t=1}^{T} \left((Rt - Rm) \right)^2$$

$$Rm = \frac{1}{T}\sum_{t=1}^{T} Rt$$

Volatilidade histórica :

A volatilidade é a medida em que o preço de um ativo financeiro varia. É utilizada para quantificar o risco de retorno e o preço de um ativo financeiro. Quando a volatilidade é elevada, a possibilidade de ganho é maior, mas o risco de perda também. É o caso, por exemplo, de uma ação de uma empresa mais endividada ou com maior potencial de crescimento e, portanto, com uma cotação superior à média. Se o crescimento das vendas for inferior ao esperado, ou se a empresa tiver dificuldades em pagar a sua dívida, o preço das acções cairá drasticamente.

No entanto, o método utilizado para calcular esta aproximação do risco é contestado, uma vez que pressupõe que as tendências futuras se inspiram nas tendências passadas. Esta quantificação utiliza o desvio-padrão das variações históricas da rendibilidade. Por outras palavras, outra simplificação, baseia-se na curva mais ou menos gaussiana das subidas e descidas de preços passadas desse ativo, ao longo de uma série de períodos históricos. Por exemplo, para tomar os extremos, utiliza o desvio-padrão das variações diárias ao longo de um mês, ou das variações mensais ao longo de dez anos, etc.

Volatilidade implícita :

A volatilidade implícita representa a volatilidade dos retornos sobre o preço do ativo objeto da opção, calculada por iteração. Todos os parâmetros que caracterizam a opção são conhecidos: o preço de exercício, o preço do ativo subjacente, o prazo de vencimento, a taxa de juro sem risco, o dividendo e o prémio da opção observado no mercado. Este é um indicador útil para os investidores, pois corresponde à volatilidade esperada pelos participantes no mercado durante o período de vida da opção e reflecte-se no prémio da opção.

Note-se que quanto maior for a volatilidade implícita, maior será o prémio da opção e vice-versa. Os investidores podem assim comparar a volatilidade implícita com a volatilidade histórica do ativo subjacente e formar a sua própria opinião sobre a volatilidade futura para os ajudar a implementar a estratégia de opções que considerem óptima.

A volatilidade implícita é calculada a partir do preço das opções, que são utilizadas para apostar num cenário extremo ou para se proteger contra um cenário extremo. Por exemplo, um produtor de cereais que receie que o preço do trigo desça de 100 para 60 euros por tonelada, devido à concorrência de novos países produtores, cobrirá a sua posição com uma opção de venda a 70 euros por tonelada. Se o preço descer para 60 ou 50 euros, a opção dá-lhe o direito de vender a 70 euros, limitando assim a sua perda a 30 euros por tonelada.

Capítulo II
A teoria financeira proposta nos artigos de investigação estudados

Esta parte será dedicada à teoria financeira estudada durante o curso, bem como à definições das variáveis que iremos analisar neste trabalho.

2.1 Motivação

A teoria do preço dos activos atribuída a Sharpe [1964] e Linter [1965] é um fracasso empírico. O Beta não é suficiente para explicar as rendibilidades cruzadas dos activos do universo das acções (Fama et al. [1992].) a secção cruzada das rendibilidades realizadas das acções (Fama et al. [1992].) Em contrapartida, variáveis não relacionadas com a teoria existente, tais como o valor de mercado do capital próprio (ME) (Banz [1981]), o rácio livro-mercado (BE / ME) (Rosenberg, Reid e Lanstein [1985]), o fluxo de caixa-preço (C / P) (Lakonishok, Shleifer e Vishny [1994]), e rendibilidades passadas (Bondt e Thaler [1985], Jegadeesh e Titman [1993], Moskowitz e Grinblatt [1999], e Asness [1997]) têm um poder explicativo significativo.

Nos artigos estudados durante este curso (ver bibliografia), os autores testaram se uma melhor previsão dos retornos futuros contidos em cada variável é obtida dividindo a variável em duas componentes relacionadas com a indústria:

A primeira componente representa a diferença entre as caraterísticas globais de mercado das empresas (por exemplo, os seus rácios BE / ME) e as caraterísticas médias do seu sector específico (por exemplo, os rácios BE / ME médios de um determinado sector industrial) para obter uma variável intra-industrial (Goodman e Peavy [1983]).

A segunda componente representa a caraterística média do sector da empresa, conhecida como a variável interprofissional.

A decomposição pode apresentar uma série de vantagens no sector e em todos os sectores. indústria :

- Medir as variáveis em relação às médias do seu sector pode reduzir os erros de medição. Por exemplo, as diferenças nas práticas contabilísticas entre sectores podem levar a diferenças numa variável que não estão relacionadas com retornos futuros.

- O risco de uma empresa e a probabilidade de obter as rendas económicas correspondentes podem ser mais função da posição da empresa no seu sector do que da sua posição relativamente a todas as empresas da economia cotada (Bain [1951], Collins e Preston [1969]).
- As carteiras formadas através da ordenação das acções dentro das respectivas variáveis sectoriais são mais diversificadas em termos de representação setorial do que as carteiras formadas através da ordenação das acções com base nas variáveis do mercado total.

2.2 Algumas definições das variáveis utilizadas na secção bibliográfica

No artigo estudado, os autores explicam a rendibilidade das acções em função de diferentes variáveis. De seguida, apresentam-se as diferentes definições dessas variáveis:

Valor de mercado do capital próprio (ME):

O valor de mercado do capital próprio é o valor total de mercado em dólares de todas as acções em circulação de uma empresa. O valor de mercado do capital próprio é calculado multiplicando o preço das acções da empresa pelo número de acções em circulação. Por conseguinte, o valor de mercado do capital próprio de uma empresa está sempre a mudar, à medida que estas duas variáveis se alteram. O valor de mercado do capital próprio de uma empresa é diferente do valor contabilístico do capital próprio, porque o valor de mercado do capital próprio não considera o potencial de crescimento da empresa.

Rácio contabilístico em relação ao mercado (BE/ME):

O rácio livro-mercado é um rácio utilizado para determinar o valor de uma empresa, comparando o seu valor contabilístico com o seu valor de mercado.

O valor contabilístico é calculado com base no custo histórico da empresa. O valor de mercado é determinado no mercado de acções por referência à capitalização bolsista.

Fórmula:

$$\text{Rácio entre o valor} \quad \frac{\text{Valor comptable da l'entreprise}}{\text{□□/□□□□□ □□□□hé de l'entreprice}}$$

O rácio livro-mercado tenta identificar títulos subvalorizados ou sobrevalorizados, tomando o valor contabilístico e dividindo-o pelo valor de mercado.

Em termos básicos, se o rácio for superior a 1, então a ação está subvalorizada; se for inferior a 1, a ação está sobrevalorizada.

Valor Price-to-Book :

O rácio preço/valor contabilístico (rácio P / B) é um rácio utilizado para comparar o valor de mercado de uma ação com o seu valor contabilístico. É calculado dividindo o preço de fecho atual da ação pelo valor contabilístico por ação do último trimestre.

$$\text{Rácio P / B} - \frac{\text{prix de l'action}}{\text{Actif-immobilication incorporelle et paccif}}$$

Uma diminuição do rácio P/B pode significar que as acções estão subvalorizadas. No entanto, também pode significar que algo está fundamentalmente errado com a empresa.

O rácio P/B reflecte o valor que os participantes no mercado atribuem ao capital próprio de uma empresa em relação ao seu valor contabilístico do capital próprio. O valor de mercado de uma ação é uma medida prospetiva que reflecte os fluxos de caixa de uma empresa. O valor contabilístico do capital próprio é uma medida contabilística que se baseia no princípio do custo histórico e reflecte as emissões de acções passadas, mais quaisquer lucros ou perdas e menos os dividendos e as recompras de acções.

ΔEMP:

Uma nova medida de angústia: a variação percentual dos empregados no último ano.

PAST (x,y) que é a rendibilidade mensal nos últimos y meses, excluindo os (x-1) meses anteriores.

Fluxo de caixa livre por ação:

O fluxo de caixa livre por ação é uma medida da flexibilidade financeira de uma empresa, determinada pela divisão do fluxo de caixa livre pelo número total de acções em circulação. Esta medida é utilizada como um substituto para medir as alterações nos resultados por ação.

$$\text{Fluxo de caixa livre por} \quad \frac{Free\ Cach\ Flow}{\#\ Sharec\ Out\ ctanding}$$

Capítulo III
Ferramentas estatísticas e matemáticas

Nesta secção, apresentamos as várias ferramentas matemáticas e estatísticas utilizadas durante o curso.

3.1 O modelo de regressão

Este modelo foi introduzido por Sir Francis Galton na sequência de um estudo sobre a altura dos descendentes de pessoas altas, que diminui de geração em geração em direção a uma altura média.

A regressão é um conjunto de métodos estatísticos muito utilizados para analisar a relação entre uma variável e uma ou mais variáveis. No nosso estudo, interessam-nos os dois modelos de regressão mais conhecidos: a regressão linear e a regressão não linear.

3.1.1 Regressão linear Definição :

Um modelo de regressão linear é um modelo de regressão de uma variável explicada sobre uma ou mais variáveis explicativas em que se assume que a função que liga as variáveis explicativas à variável explicada é linear nos seus parâmetros. O modelo de regressão linear é um modelo em que a expetativa condicional de y conhecendo x é uma transformação afim de x.

Este modelo é estimado através de vários métodos, como a máxima verosimilhança, os mínimos quadrados ou a inferência Bayesiana.

Teoria subjacente :

O modelo de regressão linear é utilizado para tentar prever e explicar um fenómeno.

Após estimar um modelo de regressão linear, podemos prever qual seria o nível de y para valores de x, pelo que este modelo permite estimar o efeito de uma ou mais variáveis sobre outra, controlando um conjunto de factores.

O método de regressão linear pode ser considerado como um método de aprendizagem supervisionada utilizada para prever uma variável quantitativa.

Vantagens e limitações do modelo de regressão linear :

- A regressão linear utiliza um modelo estatístico que, quando a relação entre as variáveis independentes e a variável dependente é quase linear, fornece resultados óptimos.
- A regressão linear é frequentemente utilizada de forma incorrecta para modelar relações não lineares.
- A regressão linear limita-se à previsão de resultados numéricos. A Figura 1 é um exemplo de regressão linear simples:

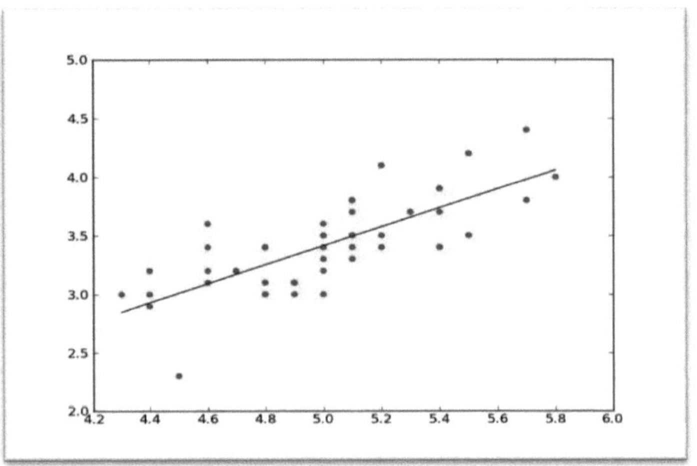

Fig. 1 Exemplo de regressão linear simples.

http://www.science-emergence.com/SimpleLinearRegressionPython/

3.1.2 Regressão não linear

O objetivo da regressão não linear é ajustar um modelo não linear a um conjunto de valores, de modo a determinar a curva que mais se assemelha à curva de dados de Y em função de x.

Definição:

O modelo de regressão não linear é escrito: $\tau_i = f(x_i, \boldsymbol{\theta}) + \varepsilon_i$

$i=1....n$,

- A distribuição de probabilidade em ε_i é uma distribuição normal, centrada reduzida e de variância finita σ_i.
- Os ε_i são independentes uns dos outros.
- A variável Y_i representa a observação i da variável dependente.
- Θ representa um vetor com p componentes de parâmetros geralmente desconhecidos.
- A função f é a função de regressão, que é normalmente não linear. Ela

depende de uma variável real x e dos parâmetros Θ.

A Figura 2 é um exemplo de regressão não linear com barras de incerteza:

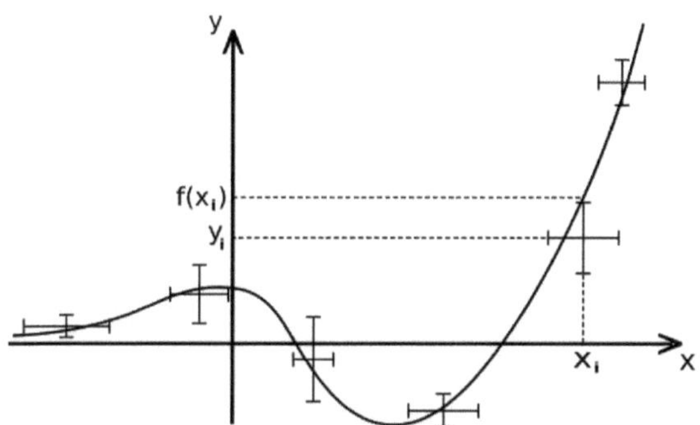

Fig. 2: Exemplo de regressão não linear.

https://en.wikipedia.org/wiki/R%C3%A9gressão_não_lin%C3%A9aire

Teoria subjacente :

O objetivo da regressão não linear é ajustar um modelo não linear a um conjunto de valores, de modo a determinar a curva que mais se assemelha à curva de dados de Y em função de x.

Vantagens e limitações do modelo de regressão não linear :

- A maior vantagem da regressão por mínimos quadrados não linear em relação a muitas outras técnicas é a vasta gama de funções que podem ser ajustadas.
- As restrições podem ser facilmente incorporadas num modelo não linear e são mais difíceis de aplicar a modelos lineares.

- Os parâmetros de um modelo não linear têm geralmente uma interpretação direta em termos do processo em estudo.
- Uma das desvantagens dos modelos não lineares é o facto de o processo ser iterativo. Para estimar os parâmetros do modelo, começa-se com um conjunto de valores iniciais fornecidos pelo utilizador.
- O modelo de regressão não linear dos dados é ligeiramente mais complicado ajustamento deum modelo linear.

3.2 O modelo de factores

Em 1976, Ross iniciou o desenvolvimento de um modelo do mercado financeiro ao longo de um período de cinco anos.
do tempo [0, T] em que os agentes explicam os rendimentos pelos mesmos factores. O

modelo de factores pressupõe que a taxa de rendibilidade de um ativo é dada por :

$$R_i = E(R_i) + b_1 f_1 + \cdots + b_k f_k + \varepsilon_i \qquad i=1...n$$

em que f_j j=1...n são variáveis aleatórias designadas por factores, b_j são constantes e ε_i é o risco específico.

Com $E(f_j) = 0$ para todo o j, $E(\varepsilon_i) = 0$, $cov(\varepsilon_i, f_j) = 0$, $cov(\varepsilon_i, \varepsilon_j) = 0$ se i G j.
Os modelos de factores podem ser classificados em três tipos: macroeconómicos, fundamentais e estatísticos.

Modelos de factores macroeconómicos :

Estes modelos explicam a rendibilidade dos activos através de variáveis macroeconómicas observáveis, tais como a taxa de inflação, a taxa de crescimento da economia ou de certos sectores da economia, o consumo agregado, a taxa de desemprego, etc.

Modelos de factores fundamentais :

Os factores são fundamentais no sentido em que devem descrever as propriedades dos activos, tais como a dimensão da capitalização da empresa emissora, a taxa de dividendos, as classificações sectoriais, o rácio livro/mercado, etc. O modelo que vamos estudar e testar durante este estágio pode ser classificado nesta segunda categoria.

Modelos estatísticos de factores :

Neste tipo de modelo, são utilizados métodos estatísticos como a análise de componentes principais para estimar os factores e as sensibilidades. Os factores são tratados como variáveis não observáveis. Este tipo de abordagem pode resultar em factores que podem ser interpretados como índices do mercado bolsista como uma combinação linear de diferentes factores iniciais. No entanto, ao aumentar o tipo de factores de entrada (por exemplo, misturando inflação, acções, PIB, etc.), os factores finais podem tornar-se difíceis de interpretar e não intuitivos.

3.3 Mede os riscos

Seja X uma posição financeira futura que representa o valor total dos investimentos de uma instituição financeira numa data T. O objetivo é determinar uma quantidade (determinística) $\rho(X)$ tal que $\rho(X) + X$ seja admissível, ou seja, considerada aceitável.

Definições

Artzner, Delbaen, Eber e Heath propuseram quatro propriedades que uma boa medida de risco deve possuir (medida de risco consistente, Artzner et al. 1997). Sejam X e Y duas carteiras de mercado e R uma medida de risco consistente, temos :

- **Monótono**: Se $X \geq T$, p.s., então $R(X) \leq R(T)$.
- **Homogéneo positivo:** $R(\alpha X) = \alpha R(X)$, qualquer que seja $\alpha > 0$.
- **Invariância por translação:** $R(X + \alpha) = R(X) - \alpha$, qualquer que seja o real α.
- **Sub-aditividade:** $R(X + T) \leq R(X) + R(T)$.

O quarto critério é o mais importante, pois representa o efeito da diversificação da carteira: uma empresa que cubra dois riscos não necessita de mais capital do que a soma dos capitais obtidos por duas empresas distintas que cubram esses dois riscos, respetivamente.

3.3.1 Valor em risco (VaR)

O que é o valor em risco?

O valor em risco é um indicador de risco que tem sido amplamente utilizado desde os anos 90, e o VaR tornou-se uma medida de risco de referência. É frequentemente utilizado por companhias de seguros, grandes bancos e sociedades de gestão de activos no âmbito das novas normas Solvência II e Basileia II.

A Figura 3 é um exemplo do Valor em Risco 10% de uma carteira que segue uma distribuição normal:

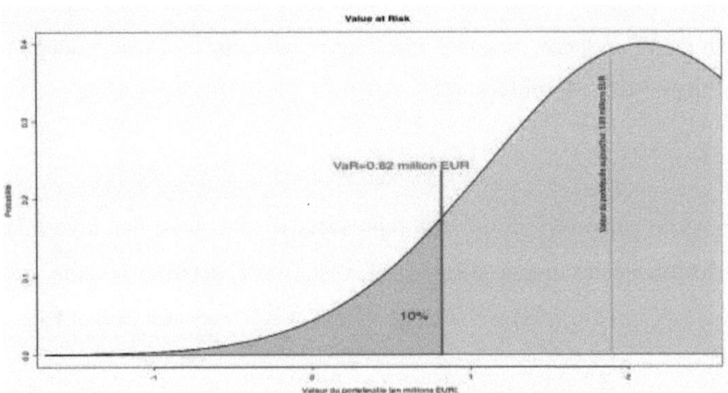

Fig. 3 Exemplo de Valor em Risco 10% de uma carteira que segue uma distribuição normal.

https://fr.wikipedia.org/wiki/Value_at_risk

Na sua forma mais geral, o valor em risco mede a perda potencial de valor de um ativo ou carteira de risco durante um período definido para um determinado intervalo de confiança. Assim, se o VaR de um ativo for de 100 milhões de dólares a uma semana, com um nível de confiança de 95%, existe apenas uma probabilidade de 5% de que o valor do ativo caia mais de 100 milhões de dólares numa determinada semana. Na sua forma adaptada, a medida é por vezes definida de forma mais restrita do que a possível perda de valor do "risco normal de mercado", por oposição a todo o risco, o que nos obriga a estabelecer distinções entre risco normal e anormal, e entre risco de mercado e risco não de mercado.

Para calcular um VaR, é necessário modelar a carteira (e, portanto, fazer suposições). Isto implica, nomeadamente, a atribuição de uma probabilidade às diferentes variações possíveis da carteira. Por conseguinte, o VaR está sempre condicionado à modelação de um futuro hipotético, que tem necessariamente os seus limites.

Este VaR pode ser utilizado :

- Para calcular o capital económico.
- Para monitorizar os riscos de mercado, quer como relatório de risco, quer como instrumento de tomada de decisões.
- Relativamente ao risco de crédito.
- Para requisitos regulamentares (relatórios regulamentares e requisitos específicos).

Caraterísticas principais

O VaR de uma carteira depende essencialmente de três parâmetros:

- A distribuição dos resultados da carteira. Esta distribuição é frequentemente assumida como normal, mas muitos actores financeiros utilizam distribuições históricas. A dificuldade reside no tamanho da amostra histórica: se for demasiado pequena, as probabilidades de perdas elevadas não são muito exactas, e se for demasiado grande, perde-se a consistência temporal dos resultados (estamos a comparar resultados que não são comparáveis).
- O nível de confiança escolhido (normalmente 95% ou 99%). A probabilidade de quaisquer perdas na carteira não excederem o Valor em Risco.
- O horizonte temporal escolhido. Este parâmetro é muito importante porque quanto maior for o horizonte temporal, maiores serão as perdas.

Interpretação matemática

De acordo com Esch, Kieffer e Lopez (em 1997) e Jorion (em 2000), o VaR do ativo considerado, para uma duração t e um nível de probabilidade q, é definido como o montante da perda esperada para que este montante, durante o período [0, t], não seja superior ao VaR com uma probabilidade de (1-q), ou seja :

$$\Pr[\,P_t > VaR_q\,] = 1 - q \quad \text{equivalente a} \quad \Pr[\,P_t < VaR_q\,] = q\,.$$

Em que Pt é a perda do título no momento t.

Centralizando e reduzindo a expressão, obtém-se :

$$Pr\left\{\frac{Pt - E(Pt)}{\sigma(Pt)}\right\} \leq \frac{VaR\,q - E(Pt)}{\sigma(Pt)}$$

Podemos definir :

$$Zq = \frac{VaRq - E(Pt)}{\sigma(Pt)}$$

O VaR é, portanto, dado pela seguinte fórmula :

$$VaRq = E\,(Pt) + zq \times \sigma\,(Pt\,).$$

Vantagens e limitações do modelo VaR

- Trata-se de um indicador sintético que fornece uma avaliação do risco de uma carteira.

independentemente dos activos que o compõem.

- Trata-se de um indicador de fácil leitura e interpretação, mesmo para não especialistas, embora o método de cálculo seja muito complexo.
- O VaR é também uma função não convexa, o que significa que a fusão de duas carteiras não reduz necessariamente o risco.
- O VaR indica a perda potencial máxima ao longo de um horizonte temporal para um determinado nível de confiança. O VaR não dá qualquer indicação sobre os valores adoptados quando o limiar é ultrapassado.

VaR histórico

O método histórico requer apenas o conhecimento do valor da posição no passado (por exemplo, os rendimentos históricos de um índice). Para uma carteira, o seu valor passado deve ser reconstruído a partir do preço dos vários activos e da composição atual da carteira. Uma vez identificados os factores de risco significativos para a carteira, os dados históricos recolhidos são utilizados para deduzir um montante de perdas.

Por exemplo:

Considere uma carteira composta por vários activos. Para calcular o VaR histórico de um dia desta carteira, é necessário registar todos os ganhos e perdas diários dos últimos 1000 dias (por exemplo). Uma vez obtidos todos esses dados, eles devem ser classificados em ordem crescente. [ème]Para obter o VaR de 99%, basta encontrar o valor de 10 (1000*(100% - 99%)) obtido.

Benefícios e desafios :

A grande vantagem deste método é o facto de ser fácil de utilizar.

- Este método exige muito pouco cálculo e esforço técnico.
- Requer técnicas simples e poucos cálculos.
- Não há necessidade de se preocupar com a forma de distribuição.
- O método em si não é adaptável ou derivado.
- O historial deve ser suficientemente grande em comparação com o horizonte do VaR e o seu nível de confiança, mas não demasiado grande para garantir que a distribuição de probabilidades não se alterou demasiado durante o período.

3.3.2. Défice previsto

A crise do subprime nos Estados Unidos em julho de 2007, que afectou o sector do crédito hipotecário de alto risco, levou o regulador a solicitar uma nova medida para captar os riscos que não tinham sido captados. O objetivo é substituir a medida VaR por uma medida Expected Shortfall (ES). O objetivo desta alteração seria posicionar o acompanhamento do risco operacional já não num determinado quantil da distribuição das perdas (por
a definição de VaR) mas na expetativa de perdas (P) acima do VaR.

Se x $\in Lp$ ($\mathscr{F}$) um espaço Lp) é o payoff de uma carteira num momento futuro e $0<\alpha<1$, então Expected Shortfall é definido pela seguinte fórmula:

ES (Expected Shortfall) = expetativa condicional de perda sabendo que a perda > VaR
= (dimensão média das perdas que excedem o VaR)
= E[perda | perda > VaR]

Podemos dizer que :

A perda esperada é uma função da distribuição de perdas da carteira, de um nível de confiança escolhido e do horizonte temporal.

Benefícios e desafios

- O défice esperado ESp aumenta à medida que p aumenta.
- Incentiva a diversificação.
- Mais difícil de testar ex post do que o VaR.

3.3.3 Volatilidade e variabilidade Skewness

A assimetria da volatilidade é uma medida semelhante ao ómega, mas com as seguintes caraterísticas

utilizando o segundo momento parcial. É o rácio entre a variância ascendente e a variância descendente.

$$\text{Volatilidade Skewness} = \frac{\sigma_U^2}{\sigma_D^2}$$

Variabilidade A assimetria é o rácio entre o risco ascendente e o risco descendente.

$$\text{Variability Skewness} = \frac{\sigma_U}{\sigma_D}$$

3.3.4 Rácio de ómega

O rácio ómega é uma medida relativa da probabilidade de obter um determinado retorno, tal como um retorno mínimo aceitável (MAR) ou um retorno alvo. Quanto maior for o valor do rácio ómega, maior será a probabilidade de uma determinada rendibilidade ser alcançada ou ultrapassada. Omega representa um rácio entre a probabilidade acumulada do resultado de um investimento acima do nível de rendibilidade definido pelo investidor (um nível limiar) e a probabilidade acumulada do resultado de um investimento abaixo do nível limiar do investidor. O conceito ómega divide os retornos esperados em duas partes - ganhos e perdas, ou retornos acima da taxa esperada (o lado positivo) e os retornos abaixo (o lado negativo). Assim, em termos simples, omega é visto como o rácio entre os rendimentos crescentes e os rendimentos decrescentes.

$$\Omega(r) = \frac{\int_r^{+\infty} (1-F(x))dx}{\int_{-\infty}^{r} F(x)}$$

- r é o limiar de retorno pretendido que define o que é considerado um ganho ou uma perda.
- F é a função de distribuição cumulativa dos retornos.

Foi projetado por Keating & Shadwick em 2002.

Benefícios e desafios :

Uma vez que omega considera toda a informação disponível a partir de dados históricos de retorno de investimento, pode ser utilizado para classificar potenciais investimentos de uma forma específica para o nível de limiar do investidor.

No entanto, as decisões ómega não são estáticas, pelo menos por duas razões:

- À medida que a informação sobre o rendimento é actualizada, a distribuição de probabilidades muda e o ómega tem de ser atualizado.
- À medida que o nível de limiar de um investidor muda, a classificação entre investimentos comparativos pode mudar.

Consequentemente, o rácio ómega permite aos investidores visualizar o compromisso entre risco e rendibilidade em diferentes níveis de limiar para diferentes escolhas de investimento. Note-se que quando o limiar é definido como a média da distribuição, o rácio ómega é igual a 1.

3.3.5 Rácio de potencial de subida

O rácio de potencial de subida é uma medida do desempenho de um ativo de investimento em relação ao rendimento mínimo aceitável. Esta medida permite a uma empresa ou a um indivíduo escolher investimentos que tenham tido um desempenho relativamente bom no lado negativo, por unidade de risco negativo.

$$U = \frac{\sum_{min}^{+\infty} (R_r - R_{min}) P_r}{\sum_{-\infty}^{min} (R_r - R_{min}) P_r} = \frac{E[(R_r - R_{min})_+]}{\sqrt{(R_r - R_{min})_-^2}}$$

Quando os Rr rendimentos foram colocados por ordem crescente, Pr é a probabilidade do rendimento Rr e

$Rmin$ é o rendimento mínimo aceitável.

A medida foi desenvolvida por Frank A. Sortino.

<u>Observações :</u>

- O rácio Upside-potential é uma medida do rendimento ajustado ao risco. Todas estas medidas dependem de determinadas medidas de risco.

- Na prática, o desvio padrão é frequentemente utilizado, talvez por ser matematicamente fácil de manipular. No entanto, o desvio padrão trata de desvios de -

Os desvios acima da média (que são desejáveis, do ponto de vista do investidor) são tratados exatamente da mesma forma que os desvios abaixo da média (que são, no mínimo, menos desejáveis). Na prática, os investidores racionais têm uma preferência por boas rendibilidades (por exemplo, desvios acima da média) e uma aversão a rendibilidades fracas (por exemplo, desvios abaixo da média).

Capítulo IV
Análise e utilização dos dados

4.1 Introdução

Centraremos o nosso estudo nas acções que compõem os ETFs (Exchange Traded Funds) SPDR sectoriais geridos pela State Street Global Advisors, que acompanham o índice Standard & Poor's 500 (S & P 500), implementando um modelo que explica as rendibilidades cruzadas do universo das acções utilizando os rácios financeiros retidos.

Análise transversal:

A análise transversal é um tipo de análise que um investidor, analista ou gestor de carteiras pode efetuar sobre uma empresa em relação aos seus pares dentro do seu sector ou a todas as outras empresas do universo de estudo, com o objetivo de avaliar o seu desempenho e oportunidades de investimento.
Numa análise transversal, o analista utiliza medidas comparativas para identificar o valor, o peso da dívida, as perspectivas futuras e/ou a eficiência operacional de uma empresa-alvo. Isto permite ao analista avaliar a eficácia da empresa-alvo nestas áreas e fazer a melhor escolha de investimento entre um grupo de concorrentes no seu sector.
Centrar-nos-emos nas duas variáveis seguintes:

- PB: Price-to-Book value: o inverso da variável book-to-market equity.
- FCPS: Free cash flow per share: esta variável corresponde aproximadamente a C(+)/P, com a diferença de que os cash flows negativos são também incluídos. A metodologia aplicada neste trabalho inspirar-se-á na literatura analisada.

Bases de dados utilizadas

Neste projeto, iremos centrar o nosso estudo nas acções que compõem os ETFs (Exchange Traded Funds) sectoriais da SPDR, no período de 15/04/2003 a 06/05/2016. Os dados históricos necessários para as análises, ou seja, os rácios financeiros Free Cash Flow Per Share (FCFPS) e Price-to-Book value (PB) das várias empresas que compõem os exchange traded funds deste estudo, foram fornecidos pelo instituto anfitrião "Typhoon Partners". Os dados relativos aos preços foram obtidos no Yahoo Finance para calcular as rendibilidades aritméticas e logarítmicas trimestrais e anuais de cada ação.

Dimensão das variáveis do estudo

- Existem dois tipos de demonstrações financeiras na base de dados: As Reported View (AR) e Most-Recent Reported View (MR).

Vista reportada AS (AR)

- Exclui as reformulações.
- Ponto de vista do tempo com dados indexados à data em que o Formulário 10 foi submetido à SEC.
- Apresenta os dados relativos ao último período de referência nesta data de apresentação.
- Pode incluir várias observações num trimestre se também for efectuado um depósito durante o trimestre.
- Em algumas ocasiões, pode não haver observações num determinado trimestre. Por vezes, as empresas têm atrasos na apresentação de relatórios que podem ir até 18 meses. Nessas ocasiões, podem comunicar vários documentos a serem apanhados até à mesma data, caso em que estes conjuntos de dados fornecerão o período de declaração mais recente.
- Geralmente adequado para backtesting.

Vista mais recente relatada (MR):

- Inclui reformulações.
- Tempo indexado ao período de reporte financeiro.
- Apresenta os dados comunicados mais recentemente para este período de referência.
- Geralmente adequado para avaliar o desempenho das empresas após ajustamentos para fusões e alienações.

Também analisaremos as duas dimensões temporais seguintes:

- Anual (Y): observações anuais.
- Trimestral (Q): observações trimestrais (apenas disponível para empresas dos EUA, não disponível para empresas estrangeiras).

Dimensões	Como relatado Ver	Vista mais recente relatada
Anual	ARY	MRY
Trimestral	ARQ	MRQ

Os sectores que compõem os Exchange Traded Funds :

Os SPDR Exchange Traded Funds são compostos pelos seguintes 11 sectores:

1. O sector dos produtos de consumo discreto foi classificado como XLY.
2. Setor dos bens de consumo básico classificado como XLP
3. Setor da energia (Energy) classificado como XLE.
4. Classificação do sector dos serviços financeiros (XLFS).
5. Setor financeiro (Financial) classificado como XLF.
6. Setor da saúde (Health Care) classificado como XLV.
7. Setor de produtos industriais (Industrial) classificado como XLI.
8. Setor dos materiais classificado como XLB.
9. Setor imobiliário classificado como XLRE.
10. Setor tecnológico (tecnologia)classificado como XLK.
11. Setor dos serviços públicos classificado como XLU.

4.2 Análise dos rendimentos trimestrais e anuais de cada sector

O quadro 1-a apresenta as rendibilidades aritméticas médias trimestrais e anuais e o número de empresas em cada sector.

Tabela 1-a. Sectores ordenados por rendibilidades médias aritméticas trimestrais e anuais de 15/04/2003 a 06/05/2016 (48665 observações).

Indústrias	Rendimentos aritméticos trimestrais médios	Rendimentos aritméticos anuais médios	Número de empresas
XLE	0.021	0.078	37
XLB	0.024	0.110	27
XLF	0.033	0.105	92

XLFS	0.050	0.127	64
XLI	0.025	0.094	68
XLK	0.033	0.167	73
XLP	0.024	0.100	36
XLRE	0.026	0.105	28
XLU	0.021	0.077	28
XLV	0.031	0.132	57
XLY	0.032	0.145	87

Rendimentos trimestrais :

O sector com melhor desempenho em termos de rendibilidade trimestral é o sector dos serviços financeiros (XLFS) com uma rendibilidade de 0,050 (Fig. 1a). Em segundo lugar, encontram-se o sector tecnológico (XLK) e o sector financeiro (XLF), com uma rendibilidade aritmética trimestral de 0,033. É de salientar que o sector da Energia (XLE) e o sector das Utilidades (XLU) estão em último lugar, com uma rendibilidade média trimestral de 0,021 (Fig. 1a).

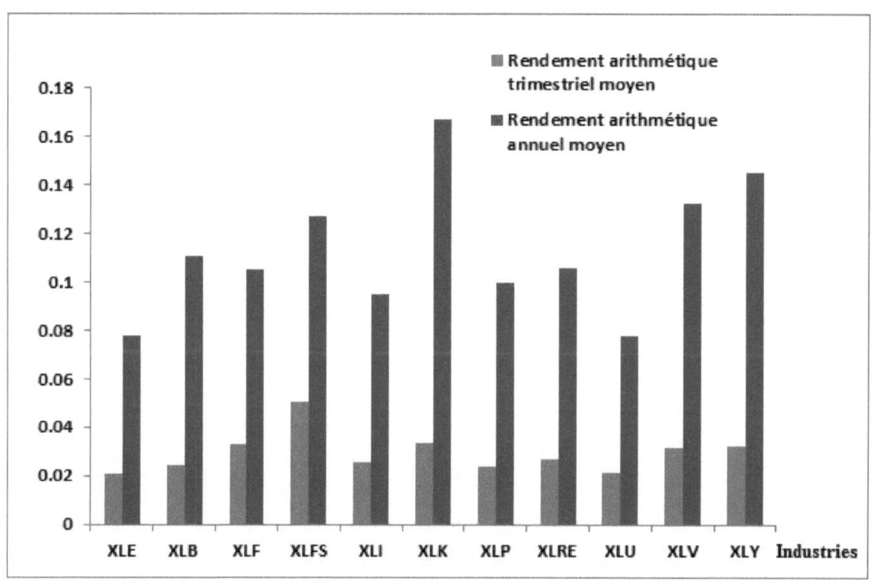

Fig. 1a. Média dos retornos aritméticos trimestrais e anuais para os sectores de atividade de 15/04/2003 a 06/05/2016 (48665 observações).

Rendimentos anuais :

Em termos de rendibilidade anual, verificamos que o sector tecnológico ocupa o primeiro lugar, com uma rendibilidade aritmética anual de 0,167 (Fig. 1a), enquanto o sector de consumo discricionário ocupa o segundo lugar, com uma rendibilidade aritmética anual de 0,145. Tal como no caso do retorno trimestral, verificamos que o último lugar vai para o sector da energia e serviços públicos, com um retorno de cerca de 0,077.

4.3 Análise dos rácios financeiros

O Quadro 1-b e a Figura 1-b mostram os diferentes rácios financeiros FCFPS "Fluxo de caixa livre por ação trimestral (MRQ) e anual (MRY) e valor contabilístico do preço PB, ordenados por sector.

Tabela 1-b. Indústrias ordenadas por FCFPS e rácios médios de PB na dimensão Most-

Recent Reported View de 15/04/2003 a 06/05/2016 (48665 observações).

Indústrias	FCFPS_MRQ	FCFPS_MRY	PB_MRQ	PB_MRY
XLE	0.108	0.473	2.463	2.378
XLB	0.638	2.616	3.689	3.597
XLF	1.170	4.716	2.060	2.773
XLFS	2.201	8.937	1.253	2.952
XLI	0.845	3.361	0.523	0.299
XLK	0.704	2.751	4.668	5.493
XLP	0.646	2.579	7.222	7.382
XLRE	0.091	0.258	3.057	3.032
XLU	0.850	3.360	0.520	0.300
XLV	0.967	3.780	4.282	4.347
XLY	0.725	2.895	8.083	4.656

Fluxo de caixa livre por ação (FCFPS):

O sector dos serviços financeiros (XLFS) apresenta os rácios trimestrais e anuais médios mais elevados, FCFPS_MRQ e FCFPS_MRY, que são iguais a 2.201 e 8.937, respetivamente. Em segundo lugar, encontramos o sector financeiro (XLF) com rácios trimestrais e anuais de 1.170 e 4.716, respetivamente. Em último lugar, encontra-se o sector imobiliário (XLRE) com rácios trimestrais e anuais de 0,091 e 0,257, respetivamente.

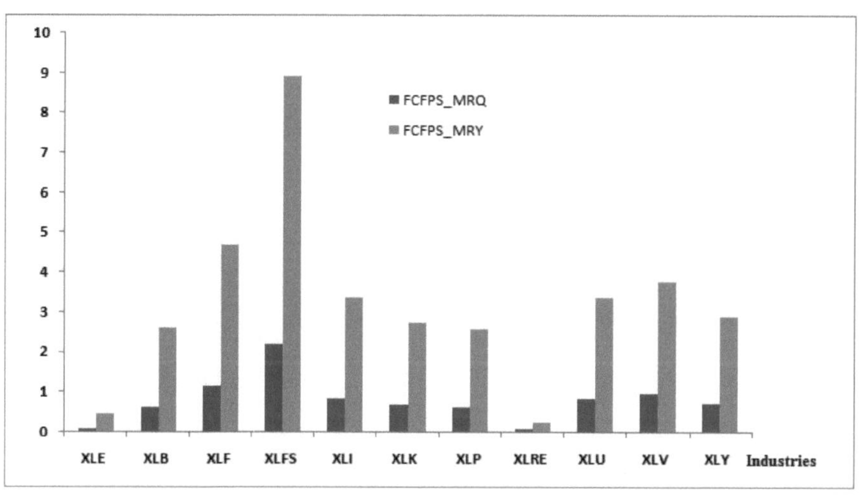

Fig.1b. Valores dos rácios financeiros FCFPS trimestrais (MRQ) e anuais (MRY), na dimensão Most Recent Reported View, ordenados por sector de 15/04/2003 a 06/05/2016 (48665 observações).

Valor Price-to-Book (PB):

O sector Consumer Discretionary apresenta o rácio Price-to-Book trimestral médio mais elevado, igual a 8,083 (Fig. 1c), seguido do sector Consumer Products (XLP) que apresenta um PB_MRQ igual a 7,222. Os valores mais baixos de PB_MRQ, iguais a 0,520 e 0,523, correspondem ao sector dos Produtos Industriais (XLU) e ao sector das Utilidades (XLI), respetivamente. No que respeita ao rácio médio PB_MRY, o valor mais elevado diz respeito ao sector dos Produtos de Consumo (XLP) que é igual a 7,382, seguido do sector da Tecnologia (XLK) com um valor de 5,493. O sector dos produtos industriais (XLI) ocupa a última posição com um rácio PB_MRY igual a 0,299.

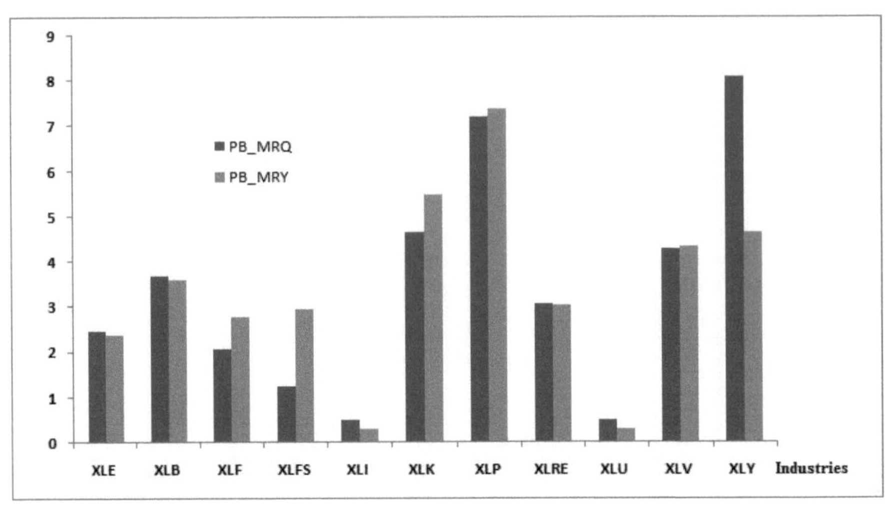

Fig.1c. Valores dos rácios financeiros trimestrais (MRQ) e anuais (MRY) do PB, na dimensão Most Recent Reported View, ordenados por cada sector de 15/04/2003 a 06/05/2016 (48665 observações).

Tabela 1-c. Indústrias ordenadas por FCFPS e rácios médios de PB na dimensão As Reported View de 15/04/2003 a 06/05/2016 (48665 observações).

Indústria	FCFPS_ARQ	FCFPS_ARY	PB_ARY	PB_ARQ
XLE	0.082	0.422	2.424	2.500
XLB	0.7045	2.611	3.666	3.620
XLF	1.128	4.566	2.716	2.170
XLFS	1.623	6.661	2.164	1.429
XLI	0.887	3.382	3.467	1.777
XLK	0.713	2.726	6.016	4.916
XLP	0.663	2.563	7.799	7.348

XLRE	0.102	0.258	3.080	3.150

XLU	0.597	2.318	2.901	1.735
XLV	0.983	3.783	4.411	4.419
XLY	0.774	2.857	4.999	8.594

Fluxo de caixa livre por ação (FCFPS) em Dimension As Reported View:

O sector dos serviços financeiros (XLFS) apresenta os valores médios mais elevados dos rácios FCFPS_ARQ e FCFPS_ARY, que são iguais a 1,623 e 6,661, respetivamente (Fig. 1d). Em segundo lugar, encontra-se o sector financeiro (XLF) com rácios de 1,128 e 4.566. O último lugar é reservado ao sector da energia (XLE) com um valor de 0,082 para os rácios trimestrais médios e ao sector imobiliário (XLRE) com um valor de 0,258 para os rácios anuais médios (Fig. 1d).

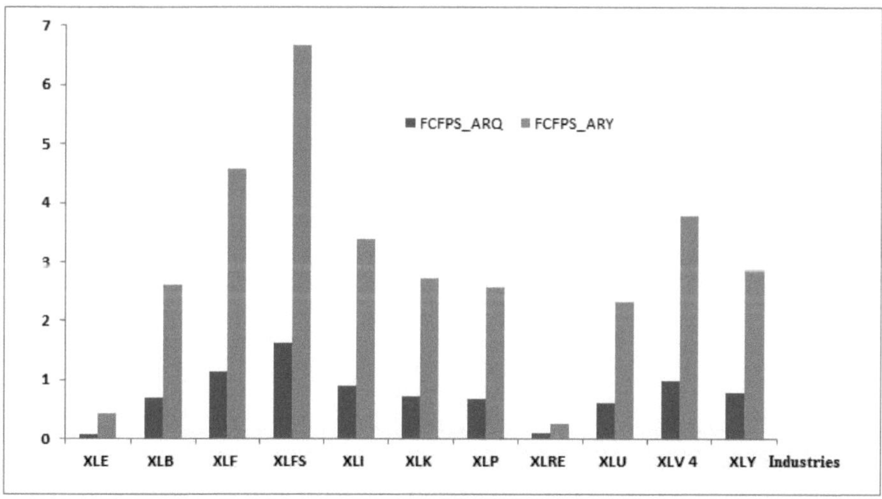

Fig.1d. Valores dos rácios financeiros trimestrais (ARQ) e anuais (ARY) da DPAF na dimensão As Reported View, ordenados por cada sector de 15/04/2003 a 06/05/2016 (48665 observações).

Valor Price-to-Book (PB) na dimensão As Reported View:

O sector Consumer Discretionary (XLY) apresenta o valor médio trimestral mais elevado do rácio Price-to-Book Ratio, igual a 8,594 (Fig. 1e), seguido do sector Consumer Products (XLP) com um rácio PB_ARQ médio igual a 7,348. O valor mais baixo do rácio PB_ARQ, igual a 1,429, diz respeito ao sector dos serviços financeiros (XLFS).

No que diz respeito ao rácio médio anual PB_ARY, o valor mais elevado corresponde ao sector dos produtos de consumo (XLP), que é igual a 7,799. Em segundo lugar, encontramos o sector tecnológico (XLK) com um valor de 6,016. A última posição é ocupada pelo sector dos produtos industriais (XLFS) com um rácio PB_ARY igual a 2,164.

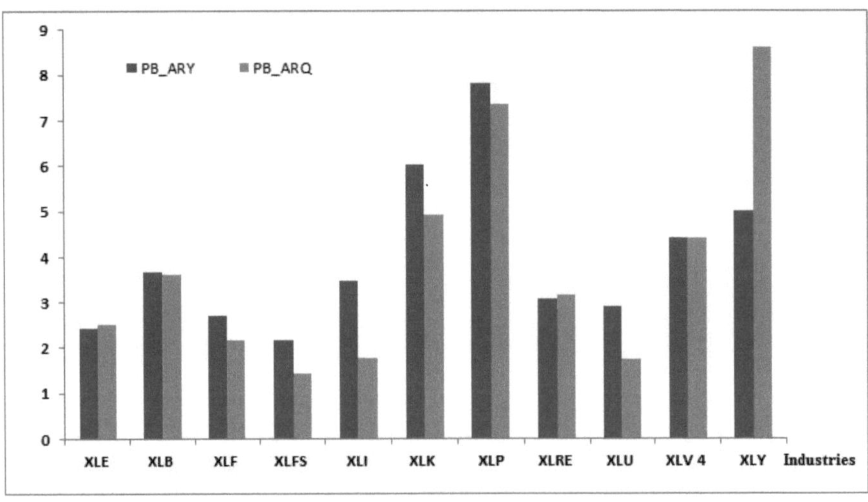

Fig.1e. Valores dos rácios financeiros trimestrais (ARQ) e anuais (ARY) do PB na dimensão Conforme Reportado ordenados por cada sector de 15/04/2003 a 06/05/2016 (48665 observações).

4.4 Várias medidas de risco

Nesta secção, apresentamos as diferentes análises e valores relativos às medidas de risco estudadas durante o curso.

4.4.1 Valor em risco (VaR)

«»O Quadro 2.a apresenta os diferentes retornos realizados trimestrais e anuais do Value at Risk, ordenados por sector. Para o método de cálculo, centrámo-nos no VaR histórico (com p=0,95).

Quadro 2.a Sectores ordenados por valor em risco (p=0,95)

Indústrias	**XLB**	**XLY**	**XLF**	**XLV**	**XLK**	**XLRE**	**XLU**	**XLI**	**XLE**	**XLP**	**XLFS**
Rendimentos trimestral	-0.29	-0.26	-0.27	-0.21	-0.24	-0.23	-0.21	-0.23	-0.32	-0.20	-0.27
Rendimentos anual	-0.50	-0.51	-0.51	-0.38	-0.50	-0.39	-0.38	-0.37	-0.55	-0.36	-0.48

«»O sector dos produtos de consumo (XLP) tem o Valor em Risco mais atrativo para os retornos trimestrais, que é igual a -0,20, o que significa que, com uma probabilidade de 95%, o retorno trimestral do sector dos produtos de consumo não pode ser inferior a -0,20. O sector da saúde (XLV) ocupa a segunda posição com um VaR igual a -0,21, o sector dos serviços públicos (XLU) ocupa a terceira posição com um VaR de -0,21. A última posição é dedicada ao sector dos serviços públicos (XLE) com um VaR de -0.32. Olhando para os retornos aritméticos anuais, o sector dos produtos de consumo (XLP) tem o VaR mais interessante, igual a -0,36. Em seguida, encontramos o sector dos cuidados de saúde (XLI), seguido dos sectores dos serviços públicos (XLU) e dos produtos industriais (XLV), e depois do sector imobiliário (XLRE) com um valor em risco igual a -0,37, -0,38 e -0,39, respetivamente. A última posição é ocupada pelo sector da energia (XLE) com um VaR igual a -0,55 (Fig. 2a).

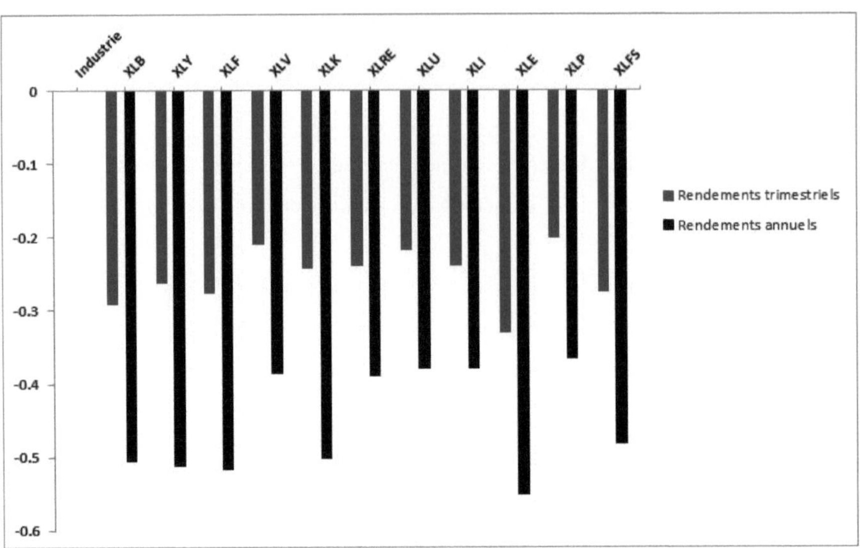

Fig. 2a. Rendimentos trimestrais e anuais para sectores ordenados por Valor em Risco (p=0,95).

4.4.2 Previsão de défice (ES)

O Quadro 2.b mostra os diferentes ES dos retornos realizados trimestrais e anuais ordenados por sector. Para o método de cálculo, centrámo-nos no ES histórico (com p=0,95).

Quadro 2.b Sectores ordenados por défice previsto (p=0,95)

Indústrias	XLB	XLY	XLF	XLV	XLK	XLRE	XLU	XLI	XLE	XLP	XLFS
Rendimentos trimestralmente	-0.42	-0.38	-0.42	-0.34	-0.36	-0.41	-0.32	-0.34	-0.42	-0.31	-0.40
Rendimentos anual	-0.66	-0.62	-0.66	-0.50	-0.63	-0.62	-0.50	-0.51	-0.63	-0.50	-0.65

O sector dos Produtos de Consumo (XLP) apresenta o valor mais interessante de todos. «»Expected Shortfall dos retornos trimestrais igual a -0,31. Em segundo e terceiro lugar encontramos o sector das Utilidades (XLU) e o sector da Saúde (XLV) com valores de ES iguais a -0,32 e -0,34, respetivamente. Os valores mais baixos de ES encontram-se no sector das Finanças (XLF), que é igual a -0,42. No que respeita à rendibilidade anual, obtivemos um valor de ES igual a -0,50 para o melhor valor alcançado pelo sector dos produtos de consumo (XLP), o sector das "Utilities" XLU e o sector da saúde XLV, enquanto a última posição é ocupada pelo sector financeiro (XLB) com um valor de -0,66 (Fig. 2b).

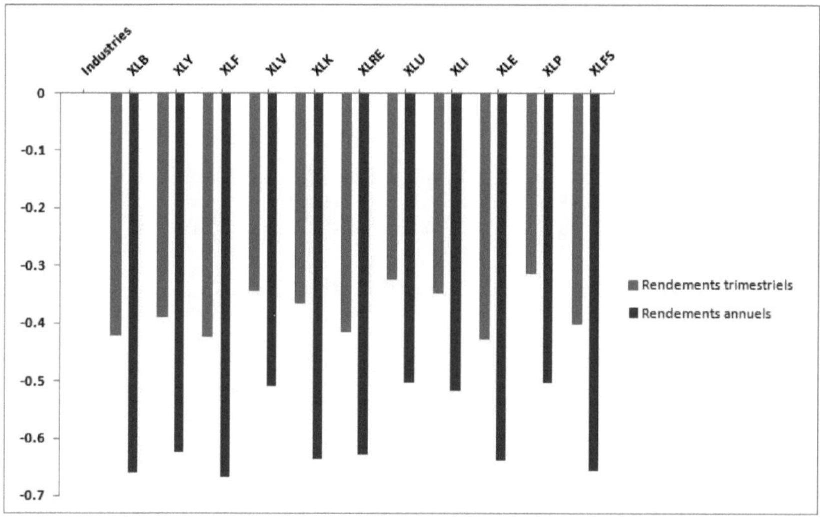

Fig. 2b. Rendimentos trimestrais e anuais dos sectores ordenados por défice previsto.

4.4.3 Ómega

O Quadro 2.c mostra os diferentes valores de Omega (retornos trimestrais e anuais) ordenados por sector. Podemos pensar em ómega como o rácio entre retornos crescentes e retornos decrescentes. Verificamos que o sector da energia (XLE) tem o melhor valor ómega, que é o mais pequeno, igual a 3,44 e 3,55 para as rendibilidades trimestrais e anuais, respetivamente, enquanto o sector da saúde (XLV) admite os piores valores ómega (4,19 e 5,38), respetivamente.

Quadro 2.c Indústrias ordenadas por Omega

Indústrias	XLB	XLY	XLF	XLV	XLK	XLRE	XLU	XLI	XLE	XLP	XLFS
Rendimentos trimestralmente	3.82	3.74	3.50	4.19	3.75	3.76	3.83	3.98	3.44	3.90	3.48
Rendimentos anual	4.17	4.22	3.87	5.38	4.31	4.35	4.50	4.59	3.55	5.40	3.83

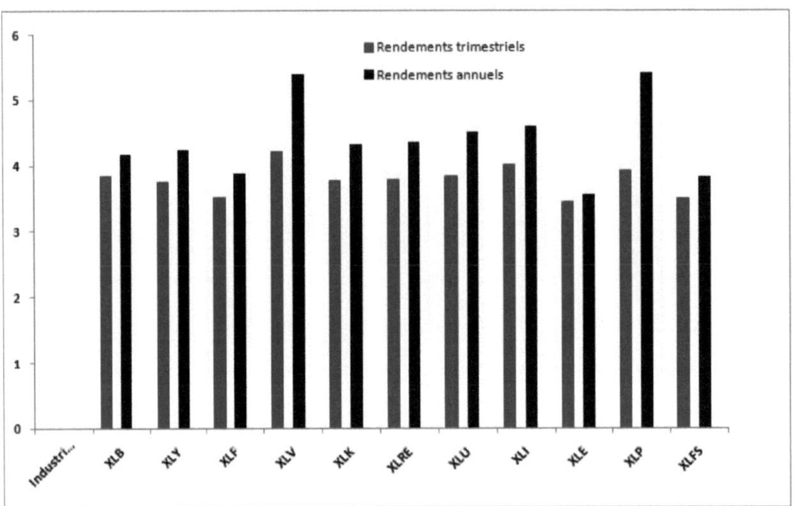

Fig. 2c Rendimentos trimestrais e anuais para indústrias ordenadas por Omega.

4.4.4 Volatilidade Skewness

A Figura 2d e o Quadro 2.d mostram os diferentes valores da volatilidade da assimetria para os retornos aritméticos trimestrais e anuais ordenados por sector. Verificamos que o sector da energia (XLE) apresenta o valor mais baixo de volatilidade da assimetria, que é igual a 1,13 para as rendibilidades trimestrais, e que o valor mais elevado de volatilidade da assimetria para as rendibilidades anuais está reservado ao sector dos serviços públicos (XLU), com um valor de 2,60. Enquanto os sectores das Finanças (XLF) e dos Serviços Financeiros (XLFS) apresentam valores de volatilidade de assimetria muito elevados

(31,1 e 43,12 para os rendimentos trimestrais, e 15,5 e 17,8 para os rendimentos anuais, respetivamente). Este facto deve-se às várias crises financeiras ocorridas neste período, como a crise financeira global iniciada em 2007, que amplificou o movimento e fez com que os preços das acções (especialmente dos bancos e instituições financeiras) caíssem a pique.

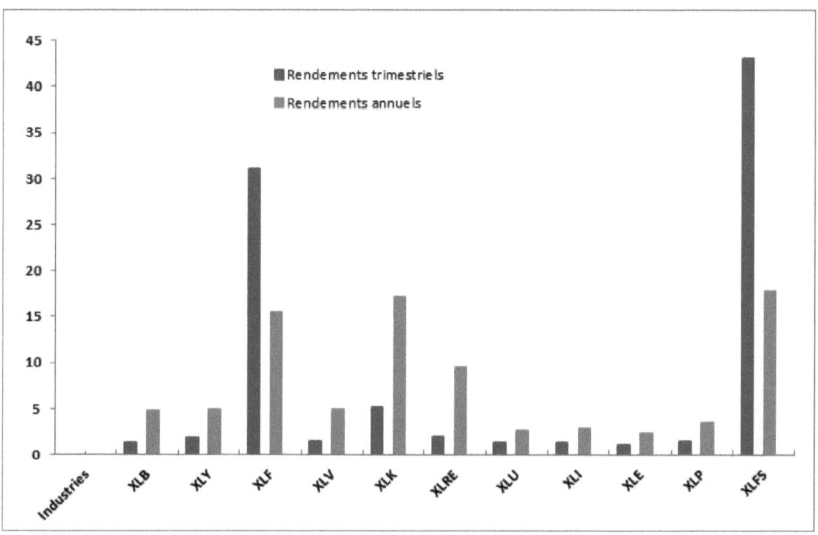

Fig. 2d. Rendimentos trimestrais e anuais dos sectores classificados por volatilidade de Skewness.

Quadro 2.d Indústrias ordenadas por volatilidade Skewness.

Indústrias	XLB	XLY	XLF	XLV	XLK	XLRE	XLU	XLI	XLE	XLP	XLFS
Rendimentos trimestralmente	1.31	1.87	31.10	1.42	5.19	1.94	1.34	1.28	1.13	1.41	43.12
Rendimentos anual	4.78	4.86	15.56	4.85	17.14	9.51	2.60	2.83	2.31	3.52	17.80

4.4.5 Rácio de potencial de subida

O rácio de potencial de subida é uma medida da rendibilidade de um ativo de investimento em relação à rendibilidade mínima aceitável (MAR). O Quadro 2.e apresenta os diferentes rácios de potencial de subida para as rendibilidades realizadas trimestrais e anuais, ordenados por sector. No que respeita às rendibilidades trimestrais, o sector dos serviços financeiros (XLFS) apresenta o valor mais elevado, igual a 1,01 (Fig. 2e), seguido do sector tecnológico (XLK) e do sector financeiro com valores de 0,82 e 0,82, e por último o sector imobiliário (XLRE) com um valor de 0,69. No que se refere à rendibilidade anual, o sector tecnológico (XLK) apresenta o rácio mais elevado, igual a 1,30, seguido do sector dos serviços financeiros (XLFS) com um valor de 1,22, enquanto o sector dos produtos de consumo (XLP) ocupa o último lugar com um valor de 0,88.

Quadro 2.e Indústrias ordenadas por rácio de potencial de subida

Indústrias	XLB	XLY	XLF	XLV	XLK	XLRE	XLU	XLI	XLE	XLP	XLFS
Rendimentos trimestralmente	0.70	0.81	0.82	0.72	0.82	0.69	0.72	0.71	0.76	0.71	1.01
Rendimentos anual	1.04	1.18	1.06	1.06	1.30	0.97	0.91	0.98	1.04	0.88	1.22

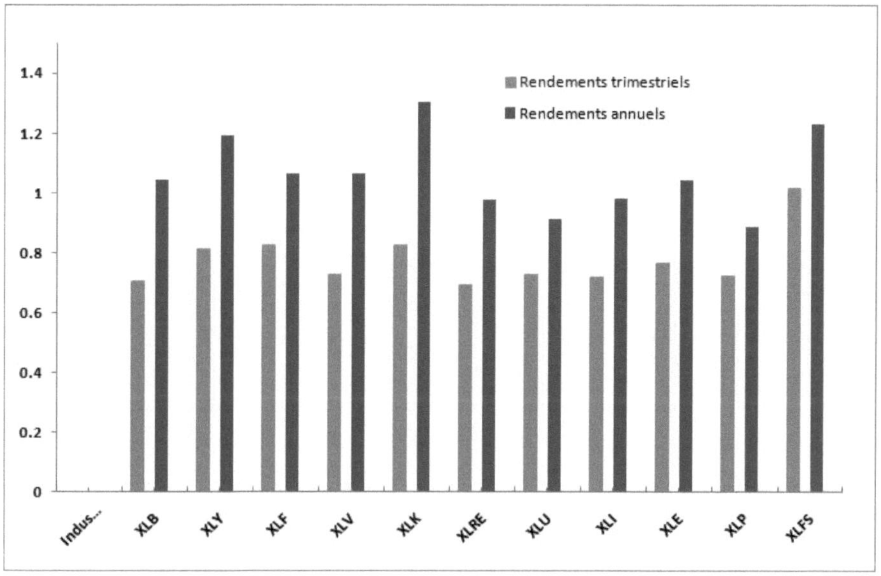

Fig. 2d Rendibilidades trimestrais e anuais do sector ordenadas por rácio de potencial ascendente

4.5 Análise dos dados

O objetivo da análise é testar se uma melhor aproximação da informação sobre retornos futuros é obtida dividindo a variável de estudo, no nosso caso (PB e FCFBS), em duas componentes:

- A primeira componente é a diferença entre a medida da variável X para a empresa i no momento t e o valor médio para o sector (esta diferença é designada por medida intra-industrial).

- A segunda componente é a medida intersectorial da variável.

Para examinar formalmente a importância das variáveis de medida intra-industrial e inter-industrial na previsão da rendibilidade esperada das acções, começamos com a regressão Fama-MacBeth (FM), que é uma regressão de painel simples.

Especificação:

$Rit = yAt + yBt\ Xit + \varepsilon it$ (1)

- Rit é a rendibilidade da empresa i no momento t.
- Xit refere-se à medição da variável X para a empresa i no momento t.
- yAt e yBt são coeficientes de regressão.

Modificamos esta especificação do seguinte modo: f

$Rit = \gamma 0t + \gamma 1t\ XIit + \gamma 2t\ (Xit - XIit) + \varepsilon it$ **(2)**

- XIit é a caraterística média equiponderada das empresas do sector de atividade da empresa.

Por exemplo, X poderia ser o preço da empresa ao valor contabilístico (PB).

Na Equação (**1**), a dimensão da série temporal média de y^Bt, □Bt, fornece o teste clássico de FM para saber se os retornos esperados estão incondicionalmente relacionados com o rácio book-to-market.

Na equação (**2**), a significância de □□1t, testa se as empresas em dificuldades têm retornos esperados mais elevados do que as empresas em sectores em crescimento, a significância de □□2t, testa se as empresas que parecem em dificuldades em relação à sua indústria têm
mais rendibilidades esperadas do que as empresas que se assemelham a empresas em crescimento relativamente ao seu sector, independentemente do rácio médio book-to-

market do sector. Referimo-nos a Xit como a medida de mercado da variável X, o valor médio da variável X para todas as empresas do sector designado por XIit, (medida intersectorial da variável X) e o desvio do valor médio do sector (Xit - XIit) designado por (medida intersectorial). De um modo geral, os nossos testes de FM mostram que a medida das variáveis dentro do sector fornece coeficientes de magnitude ligeiramente superior aos das regressões para todo o mercado e com erros padrão mais pequenos.

Regressões Fama-MacBeth:

Nesta secção, avaliamos o poder das variáveis no seu sector e em vários sectores para explicar as rendibilidades cruzadas do universo dos activos e das acções. Para comparar as nossas medidas sectoriais com a especificação padrão da equação (1). O Quadro 3 apresenta os declives médios e os valores t das equações **(1)**, **(2)** e
(3) para cada variável.

4.5.1 Vista mais recente relatada Análise de dados dimensionais PB_MRQ e desempenho aritmético :

Nesta secção, estamos interessados nas rendibilidades aritméticas trimestrais das acções (como variável a explicar) e a variável de estudo é o valor Price-to-Book, sendo as observações de duração trimestral na dimensão Most Recent Reported View.

Tal como o valor de mercado das acções, o valor Price-to-Book é um preço fiável (Stattman [1980], Rosenberg, Reid e Lanstein [1985], Bondt e Thaler [1987], Fama e Frensh [1992]), mas a versão intra-industrial oferece uma melhor medida da relação entre o valor Price-to-Book e as rendibilidades trimestrais do mercado bolsista.

Tabela 3: Apresentação dos coeficientes "Market-wide", "Across-industry" e "Within-industry" com o rendimento aritmético como variável a ser explicada.

Equação de regressão para todo o mercado:

(1) $Rit=yAt + yBt\,Xit + \varepsilon it$.

Equação de regressão do sector :

(2) $R_{it} = \gamma_{0t} + \gamma_{1t} X_{Iit} + \gamma_{2t}(X_{it} - X_{Iit})$.

Equação de regressão alternativa do sector :

(3) $R_{it} = \gamma_{0t} + (\gamma_{1t} - \gamma_{2t}) X_{Iit} + \gamma_{2t} X_{it}$

- X_{Iit} refere-se ao valor médio do sector.
- Rit é a rendibilidade da empresa i no momento t.
- Xit refere-se à medição da variável X para a empresa i no momento t.

Rendimento aritmético	Em todo o mercado	Em todo o sector	No sector
FCFPS_MRQ (1)	5.917 e-03 (65.31)		
(2)		7.565e-03 (8.43)	5.900e-03 (64.78)
(3)	5.900e-03 (64.78)	1.665e-03 (1.84)	
FCFPS_MRY (1)	8.453e-03 (159.90)		
(2)		-1.113e-03 (-3.38)	8.707e-03 (162.57)
(3)	8.707e-03 (162.57)	-9.819e-03 (-29.48)	
PB_MRQ (1)	1.858e-05 (4.96)		
(2)		5.388e-04 (3.66)	1.824e-05 (4.87)
(3)	1.824e-05 (4.87)	5.205e-04 (3.54)	
PB_MRY (1)	7.487e-05 (7.41)		
(2)		1.054e-02 (34.60)	6.338e-05 (6.28)
(3)	6.338e-05 (6.28)	1.048e-02 (34.37)	

A inclinação média dentro da indústria é ligeiramente inferior à inclinação média em todo o mercado (1,824e-05 vs 1,858e-05), enquanto o valor t dentro da indústria (4,87) é também ligeiramente inferior ao valor t em todo o mercado (4,96). Este facto deve-se ao elevado valor do coeficiente inter-setorial, que é igual a 5,388e-04, com um valor t igual a 3,66.

As estimativas da equação (3) mostram que a diferença entre o coeficiente intra-industrial e o coeficiente inter-industrial é estatisticamente significativa. A diferença de 5,205e-04 tem um valor t de 3,54.

PB_MRY e eficiência aritmética :

Nesta secção, analisamos as rendibilidades aritméticas anuais das acções (como variável a explicar) e a variável de estudo é o valor do Price-to-Book, as observações são anuais para um ano na dimensão Most Recent Reported View.

O valor médio da inclinação dentro da indústria (6,338e-05) é ligeiramente inferior ao valor médio da inclinação em todo o mercado (7,487e-05), com o valor t da inclinação dentro da indústria (6,28) a ser inferior ao valor t da inclinação em todo o mercado (7,41). Esta diminuição do poder é impulsionada por um forte efeito da medida de inclinação inter-setorial 1,054e-02 com um valor t de 34,60. Tal como acontece com as acções individuais, os sectores que ganharam no último ano têm retornos esperados mais elevados do que os sectores que perderam.

FCFPS_MRQ e eficiência aritmética :

Tal como na secção anterior, nesta secção estamos interessados na relação entre a rendibilidade aritmética trimestral das acções (como variável a explicar) e a variável de estudo é o Free cash flow por ação, sendo as observações de duração trimestral na dimensão Most Recent Reported View.

A inclinação média dentro da indústria é igual à inclinação média para todo o mercado (5,900e-03), com o valor t da inclinação para todo o mercado ligeiramente superior ao valor t da inclinação dentro da indústria (65,31 e 64,78, respetivamente). Os resultados da especificação (3) mostram uma diferença entre o coeficiente intra-industrial e o coeficiente inter-industrial de 1,665e-03 com um valor t de (1,84) que não é estatisticamente significativo, uma vez que é inferior a 1,96.

FCFPS_MRY e eficiência aritmética :

Neste caso, trabalhamos com a rendibilidade aritmética anual das acções (como a variável a explicar) e a variável de estudo é o fluxo de caixa livre por ação, as observações são anuais com a duração de um ano da visualização mais recente. Em linha com resultados anteriores [1], verificamos que o declive médio intra-industrial (8,707e-03) é ligeiramente superior ao declive médio de todo o mercado (8,453e-03), com um valor t mais elevado para o declive intra-industrial e um valor t mais elevado para o declive de todo o mercado (162,57 vs 159,90). Além disso, as estimativas da equação (3) mostram que a diferença entre o coeficiente intra-industrial é estatisticamente significativa. A diferença é de 1,665e-03 com um valor t de 1,84.

PB_MRQ e eficiência logarítmica :

Estamos interessados nas rendibilidades trimestrais logarítmicas das acções (como variável a explicar) e a variável de estudo é o valor Price-to-Book, as observações são trimestrais na dimensão Most Recently Reported View.

A inclinação média dentro da indústria, igual a 1,892e-05, é ligeiramente inferior à inclinação média em todo o mercado, igual a 2,057e-05, com o valor t em todo o mercado maior do que o valor t da inclinação dentro da indústria (11,29 vs 10,38). Esta diminuição no poder é impulsionada por um forte efeito da medida de declive inter-industrial 2.622e-03 com um valor t de 36.26 (Tabela 4).

As estimativas da equação (3) mostram que a diferença entre o coeficiente intra-industrial é estatisticamente significativa. Esta diferença é de 1,593e-02 com um valor t de 70,20.

Tabela 4: Apresentação dos coeficientes "Market-wide", "Across-industry" e "Within-industry" com o retorno logarítmico como variável a ser explicada.

Rendimento da habitação		Em todo o mercado	Em todo o sector	No sector
FCFPS_MRQ	(1	1.277e-03 (30.57)		
	(2		-4.114e-03 (-11.80)	1.355e-03 (32.22)
	(3	1.355e-03 (32.22)	-5.470e-03 (-15.58)	
FCFPS_MRY	(1	1.667e-03 (48.61)		
	(2		-1.583 e-03 (-8.63)	1.784 e-03 (51.13)

	(3)	1.784 e-03 (51.13)	-3.368 e-03 (-18.05)	
PB_MRQ	(1)	2.057e-05 (11.29)		
	(2)		2.622e-03 (36.26)	1.892e-05 (10.38)
	(3)	1.892e-05 (10.38)	2.603e-03 (35.99)	
PB_MRY	(1)	7.285e-05 (9.67)		
	(2)		1.596e-02 (70.58)	5.135e-05 (6.85)
	(3)	5.537e-05 (7.36)	1.593e-02 (70.20)	

PB_MRY e rendimento logarítmico:

Nesta secção, trabalhamos com rendibilidades trimestrais logarítmicas das acções (como variável a explicar) e a variável de estudo é o valor Price-to-Book, as observações são anuais com a duração de um ano na dimensão Most Recent Reported View). Graças ao forte efeito da medida across-industry slope 1.596e-02 com t-value de 70.58, verificamos que a média within-industry slope, igual a 5.135e-05, é inferior à média market-wide slope, que é igual a 7.285e-05 com t-value também inferior (6.85 vs. 9.67). As estimativas da equação (3) mostram uma diferença entre o coeficiente intra-industrial e o coeficiente inter-industrial de 1,593e-02 com um valor t de (70,20), que é estatisticamente significativo.

FCFPS_MRQ e eficiência logarítmica:

Verificamos que o declive médio intra-industrial, igual a 1,355e-03, é ligeiramente superior ao declive médio a nível do mercado, que é igual a 1,277e-03, sendo o valor t do declive a nível do mercado intra-industrial superior ao valor t do declive a nível do mercado (32,22 vs. 30,57). Verificamos também que a diferença entre o coeficiente intra-industrial e o coeficiente inter-industrial é estatisticamente significativa -5,470e-03 com um valor t igual a -15,58.

FCFPS_MRY e rendimento logarítmico:

Em consonância com os resultados encontrados no parágrafo anterior, verificamos que a inclinação média dentro da indústria é superior à inclinação média em todo o mercado (1,784 e-03 vs 1,667e-03) com um valor t mais elevado (51,13 vs 48,61). Verificamos também que a diferença entre o coeficiente intra-industrial e o coeficiente inter-industrial é estatisticamente significativa -3,368 e-03 com um valor t igual a -18,05.

4.5.2 Análise dos dados conforme reportados

Nesta secção, continuaremos com o mesmo trabalho que anteriormente, mas a
as variáveis do estudo são Como Reportado.

FCFPS_ARQ e eficiência aritmética:

O Quadro 5 mostra que o declive médio dentro da indústria é igual ao declive médio em todo o mercado (3,100 e-03), com o valor t do declive em todo o mercado ligeiramente superior ao valor t do declive dentro da indústria (44,60 vs 44,14). Os resultados da especificação (3) mostram uma diferença entre o coeficiente intra-industrial e o coeficiente inter-industrial de 3,847e-03 com um valor t de (4,19) que é estatisticamente significativo.

Tabela 5: Apresentação dos coeficientes "Market-wide", "Across-industry" e "Within-industry" com o rendimento aritmético como variável a ser explicada.

Rendimento aritmético	Em todo o mercado	Em todo o sector	No sector
FCFPS_ARQ (1)	3.100 e-03 (44.60)		
(2)		6.955e-03 (7.61)	3.100 e-03 (44.14)
(3)	3.100 e-03 (44.14)	3.847e-03 (4.19)	
FCFPS_ARY (1)	6.773e-03 (128.30)		
(2)		-1.299e-03 (-3.42)	6.989e-03 (129.13)
(3)	6.989e-03 (129.13)	-8.288e-03 (-21.66)	
PB_ARQ (1)	1.928e-05 (5.44)		
(2)		4.398e-04 (2.99)	1.904e-05 (5.37)

(3)	1.904e-05 (5.37)	4.208e-04 (2.86)	
PB_ARY (1)	3.799e-05 (3.64)		
(2)		1.054e-02 (34.60)	2.722e-05 (2.61)
(3)	2.722e-05 (2.61)	1.152e-02 (33.80)	

FCFPS_ARY e eficiência aritmética:

Verificamos que a inclinação média Dentro da Indústria, igual a 6,989e-03, é ligeiramente superior à inclinação média para todo o mercado, igual a 6,773e-03, com um valor t mais elevado para a inclinação Dentro da Indústria do que para a inclinação para todo o mercado (129,13 vs 128,30). Além disso, as estimativas da equação (3) mostram que a diferença entre o coeficiente intra-industrial é estatisticamente significativa. A diferença é de -8,288e-03 com um valor t de -21,66.

PB_ARQ e eficiência aritmética:

Nesta secção, estamos interessados nas rendibilidades aritméticas trimestrais das acções (como variável a explicar) e a variável de estudo é o valor Price-to-Book, sendo as observações de duração trimestral na dimensão As Reported.

A inclinação média dentro da indústria e a inclinação média em todo o mercado são iguais a 1,904e-05, assim como os valores t, que são iguais a 5,37.

As estimativas da equação (3) mostram que a diferença entre o coeficiente intra-industrial e o coeficiente inter-industrial é estatisticamente significativa. A diferença é de 4,208e-04 com um valor t de 2,86.

PB_ARY e eficiência aritmética :

O valor médio da inclinação dentro da indústria é ligeiramente menor do que o valor médio da inclinação em todo o mercado (2,722e-05 vs 3,799e-05), com um valor t da inclinação dentro da indústria (2,61) menor do que o valor t da inclinação em todo o mercado (3,64). Esta diminuição do poder é impulsionada por um forte efeito da medida de inclinação intersectorial 1,152e-02 com um valor t igual a (33,80).

PB_ARQ e eficiência logarítmica:

Neste parágrafo, estamos interessados nas rendibilidades logarítmicas trimestrais das acções (como variável a explicar) e a variável de estudo é o valor Price-to-Book, as observações são trimestrais da duração trimestral da dimensão As Reported.

A Tabela 6 mostra que a inclinação média dentro da indústria é ligeiramente inferior à inclinação média de todo o mercado (2,035e- 05 vs 2,158e-05), com o valor t de todo o mercado a ser superior ao valor t da inclinação dentro da indústria (13,22 vs 12,47), este fenómeno é impulsionado por um forte efeito da medida de inclinação inter-industrial 2,050e-03 com valor t de 30,85 (Tabela 6). A equação (3) mostra que a diferença entre a inclinação interprofissional e a inclinação intra-industrial é igual a 2,030e-03 com um valor t de 30,53.

Tabela 6: Apresentação dos coeficientes Market-wide, Across-industry e Within-industry na dimensão As Reported, com o rendimento logarítmico como variável a ser explicada.

Rendimento da habitação		**Em todo o mercado**	**Em todo o sector**	**No sector**
FCFPS_ARQ	(1)	6.561e-04 (20.25)		
	(2		-4.222e-03 (-10.96)	6.909e-04 (21.25)
	(3	6.909e-04 (21.25)	-4.913e-03 (-12.71)	
FCFPS_ARY	(1)	1.218e-03 (36.08)		
	(2		-2.297e-03 (-11.56)	1.333e-03 (38.91)
	(3	1.333e-03 (38.91)	-3.969e-03 (-19.70)	
PB_ARQ	(1)	2.158e-05 (13.22)		
	(2		2.050e-03 (30.85)	2.035e-05 (12.47)
	(3	2.035e-05 (12.47)	2.030e-03 (30.53)	

PB_ARY (1)	4.330e-05 (6.54)		
(2)		1.395e-02 (67.30)	2.915e-05 (4.40)
(3)	2.915e-05 (4.40)	1.392e-02 (67.12)	

PB_ARY e rendimento logarítmico:

Graças ao forte efeito da inclinação inter-industrial de 1,395e-02 com um valor t de (67,30), verificamos que a inclinação média intra-industrial, igual a 2,915e-05, é inferior à inclinação média de todo o mercado, que é igual a 4,330e-05 com um valor t também inferior (4,40 vs 6,54). As estimativas da equação (3) mostram uma diferença entre o coeficiente intra-industrial e o coeficiente inter-industrial de 1,392e-02 com um valor t de (67,12), que é estatisticamente significativo.

FCFPS_ARQ e eficiência logarítmica:

O declive médio intra-industrial, igual a 6,909e-04, é ligeiramente superior ao declive médio de todo o mercado, que, igual a 6,561e-04 com o valor t intra-industrial, é superior ao valor t do declive de todo o mercado (21,25 vs. 20,25). Também notamos que a diferença entre o coeficiente intra-indústria e o coeficiente inter-indústria é estatisticamente significativa -4,913e-03 com um valor t igual a -12,71.

FCFPS_ARY e rendimento logarítmico:

Em linha com os resultados encontrados no parágrafo anterior, verificamos que o declive médio intra-industrial é superior ao declive médio de todo o mercado (1,333e-03 vs 1,218e-03) com um valor t mais elevado (38,91vs 36,08). Verificamos também que a diferença entre o coeficiente intra-industrial e o coeficiente inter-industrial é estatisticamente significativa -3,969e-03 com um valor t igual a -19,70.

Capítulo V
Extensão às estratégias de investimento e ao seguro de carteira

5.1 Motivação

Os SPDRs sectoriais estão sujeitos a riscos semelhantes aos das acções, incluindo os relacionados com vendas a descoberto e contas de margem. Todos os ETFs estão sujeitos a riscos, incluindo a possível perda de capital. Os ETF sectoriais também estão sujeitos a um risco setorial não diversificado, que resultará em maiores flutuações de preços do que o mercado global.

Neste capítulo, comparamos uma série de estratégias de investimento com base nos resultados estatísticos obtidos anteriormente, bem como seguros de carteira.

5.2. Comparação de algumas estratégias de investimento

5.2.1 Estratégia do sector Equal

Uma estratégia Equal Setor é uma estratégia que oferece exposição ao mercado de acções de grande capitalização, investindo em proporções iguais no sector SPDR. Os investidores não devem contar duas vezes o sector financeiro.

Uma estratégia equilibrada sólida pode incluir o XLF ou o XLFS e o XLRE em vez do XLF, bem como os outros oito sectores. Esta estratégia oferece uma exposição moderada mas significativa a todos os sectores do mercado.

Consequentemente, os investidores têm a oportunidade não só de participar numa recuperação do sector, mas também de minimizar o impacto negativo de uma quebra num determinado sector, reequilibrando-o para uma ponderação trimestral igual. Além disso, a estratégia de sectores iguais tem as seguintes vantagens:

- Diversificação.
- A oportunidade de participar num encontro de mercado em todos os sectores.
- Transparência e controlo da afetação setorial.
- Reduzir o impacto negativo de um acidente num determinado sector.
- Volatilidade inferior à do índice S & P 500.
-

5.2.2 Estratégias fiscais

O Select Setor SPDR pode ajudar os investidores a gerir as suas carteiras de investimento de forma mais eficaz.

Estratégia 1

Vender posições de acções de negociação individuais atualmente abaixo do preço de compra, realizar a perda e manter uma exposição setorial semelhante comprando o Select Setor SPDR adequado.

Exemplo:

Atualmente, gere acções detidas por um Setor Selecionado que estão a ser negociadas abaixo do seu preço de compra original.
Pode vender as suas posições deficitárias, realizar as perdas e comprar o Select Setor SPDR que detém as posições em acções para manter a exposição a essas acções e a outras nesse sector.

Estratégia 2: **Assumir perdas nos fundos atualmente detidos, mantendo a exposição setorial**

Vender um ETF, fundo fechado ou fundo mútuo atualmente a negociar abaixo do preço de compra, realizar a perda e manter a exposição a um sector semelhante comprando o Select Setor SPDR adequado.

Exemplo:

Atualmente, detém acções do TechnologyFund, que estão a ser negociadas abaixo do seu preço de compra inicial. Pode vender a sua posição com perdas, realizar a perda e comprar o Technology Select Setor SPDR (XLK) para manter uma exposição semelhante.

Estratégia 3: Manter uma carteira personalizada de SPDRs de sectores selecionados e reequilibrar no final do ano para recolher os prejuízos fiscais.

Selecione um sector SPDR que nos permita comprar o índice S & P 500 em fracções, dando-lhe maior flexibilidade para personalizar uma carteira e gerir melhor os rendimentos após impostos.

Exemplo:

Se o nosso objetivo for o rendimento ou o crescimento, podemos vender sectores com perdas não realizadas no final do ano e manter a exposição a esses sectores através da compra de ETFs semelhantes. Depois de esperar pelo menos 31 dias, podemos reequilibrar a carteira mudando de novo para os Select Setor SPDRs apropriados com ponderações adequadas ao nosso objetivo de investimento.

5.2.3 Estratégias de cobertura

Estratégia 1: Utilizar a flexibilidade dos Select Setor SPDRs compensa as perdas a longo prazo nos Select Setor SPDRs que correspondem às suas posições em acções individuais e reduz o risco de queda sem realizar um evento tributável nas suas posições longas nestas acções.

Exemplo:

Detemos posições significativas em acções A e acções B com ganhos não realizados. Para cobrir o risco de queda sem reconhecer um facto tributável, vendemos a descoberto o Select Setor SPDR que inclui estas empresas.

Estratégia 2: Utilizar as opções como cobertura para compensar o risco de queda da sua carteira.

As opções estão disponíveis em todos os onze Select Setor SPDRs. Esta caraterística proporciona aos investidores uma ferramenta adicional para gerir o risco na sua carteira.

5.3 Seguros da carteira

Que produto poderia garantir um valor mínimo para as carteiras financeiras, mesmo em condições de mercado adversas?

Inspirado no trabalho de Black e Merton sobre o preço das opções (1973), Leland (1985) teve a ideia de acrescentar opções de venda a uma carteira de títulos para garantir um valor mínimo em todas as circunstâncias.

As opções podem ser replicadas a partir de um ativo sem risco e de acções através de posições dinâmicas adequadas. Em 1976, Leland juntou-se a Rubinstein para desenvolver esta técnica sob o nome de seguro de carteira. Posteriormente, foram desenvolvidos novos métodos de gestão, conhecidos como estratégias de seguro de carteira.

5.3.1 Definição

As estratégias de seguro de carteira são estratégias financeiras cujo objetivo é limitar as perdas em caso de queda do mercado, ao mesmo tempo que se beneficia do mercado em caso de subida.

Analisaremos três estratégias principais de seguro de carteira: o Seguro de Carteira Baseado em Opções (OBPI), que utiliza opções, o método Stop-Loss e o Seguro de Carteira de Proporção Constante (CPPI).

5.3.2 Estratégia com opções

Suponha-se uma carteira constituída por uma acçãoS e uma opção de venda europeia sobre a ação
S com maturidade T e preço de exercício K. O valor desta carteira na data T é igual a :

$$V_T = S_T + (K - S_T)^+ = \begin{cases} S_T \text{ si } S_T > K \\ K \text{ si } S_T \, K \end{cases}$$

O preço desta opção pode ser interpretado como o prémio a pagar para garantir que o valor da carteira não desça abaixo do limite mínimo K.

Os desafios desta estratégia :

- As opções disponíveis no mercado são geralmente americanas e, por conseguinte, mais caras do que as europeias.
- As caraterísticas das opções disponíveis no mercado nem sempre correspondem às necessidades do mercado.

de acordo com os objectivos do investidor.

- As restrições regulamentares podem limitar o número de opções.

Solução:

Perante estas dificuldades, Leland propôs a utilização de um ativo monetário e de um subjacente para sintetizar a opção de venda.

5.3.3 Estratégias de paragem de perdas

Este é o método mais simples de seguro de carteira. Ilustraremos este método com o seguinte exemplo simples:

Seja x o património inicial de um investidor.

O montante x é dividido entre um ativo sem risco s_0 e um ativo com risco S.

V(t) é o valor desta carteira na data t. O método stop-loss consiste em

- vender a totalidade de S para comprar , logo que $s_0(t) > S(t)$
- vender a totalidade de s_0 para comprar S, logo que $s_0(t) < S(t)$

Isto garante que $V(t) \geq S$.

Os desafios desta estratégia :

A aplicação de uma estratégia implica custos de transação proibitivos.

Solução:

Poderíamos definir um intervalo em torno de s_0 e só alterar a composição da nossa carteira quando S não se enquadra neste intervalo.

5.3.4 Múltiplos métodos de almofada

Um investidor divide o seu património inicial $x > 0$ entre um ativo sem risco s_0 e um ativo com risco S.

- O investidor escolhe um valor mínimo P para o valor V(t) da sua carteira.

A diferença é designada por almofada: $C(t) := V(t) - P$.

- Em seguida, define o montante a afetar a o ativo de risco. Neste método

é escolhido na forma $m * c_0$ com $m \geq 1$, o fator m é designado por múltiplo.

- Seja δ o passo temporal e assuma-se que o investidor actualiza a sua carteira em cada momento δk, $k \geq 0$. Assume-se que o investidor reafecta a sua carteira de modo a que o montante investido no ativo de risco em cada momento δk seja igual a mCδk.

Podemos então verificar que em cada data tk = δk, o valor da carteira verifica :

$$_{i=1}^{k} V(t_k) - Pk = (x - P) \prod (1 + m\,(Ri - r))$$

BIBLIOGRAFIA

Artigos e documentos de investigação :

Impact of Macroeconomic Announcements on US Equity Prices: 2009-2013. Daniel Nadler, Anatoly B. Schmidt.

As condições macroeconómicas realizadas e antecipadas prevêem os retornos das acções. Alessandro Beber, Michael W. Brandt, Maurizio Luisi. novembro de 2014

Predicting stock returns using industry-relative firm characteristics. Clifford S. Asness, R. Burt Porter, Ross L. Stevens. fevereiro de 2000.

Sortino, F. e Price, L. Performance Measurement in a Downside Risk Framework. Journalof Investing. outono de 1994, 59-65.

Plantinga, A., Van der Meer, R. e Sortino, F. The Impact of Downside Risk on Risk-Adjusted Performance of Mutual Funds in the Euronext Markets. 19 de julho de 2001.

A. Keating, J. e Shadwick, W.F. The Omega Function. Documento de trabalho. Centro de Desenvolvimento Financeiro, Londres 2002.

K., Hossein, T. Schneeweis, e B.Gupta. "Omega as a Performance Measure". junho de 2003.

Livros e cursos:

Carl Bacon, Practical portfolio performance measurement and attribution, segunda edição 2008 p.97-98.

Emmanuel Lépinette, Notas de Curso de Gestão de Carteiras, Université Paris Dauphine, 2011-2012.

Imen Ben Taher, Gestão de carteiras, Université Paris Dauphine, 2010-2011.

Tese atuarial :

Mingqian LI e Jianyu CHEN, Historical VaR and Expected Shortfall , 8 de julho de 2013.

S. Benseghir, Cálculo do VaR utilizando a abordagem histórica e a teoria dos valores extremos

num fundo de retorno absoluto da Dexia Asset Management, turma de 2006.

Maroua Chikhaoui, Portfolio risk management: VaR and CVaR estimation, Maroua

Chikhaoui.

Sítio Web: www.sectorspdr.com www.quandl.com www.lafinancepourtous.com

www.boursedirect.fr

www.evestment.com

www.ressources-actuarielles.net

CONCLUSÃO

O objetivo geral das instituições financeiras é maximizar o lucro e o valor para os acionistas, oferecendo uma variedade de serviços financeiros e minimizando os riscos incorridos. Podemos deduzir da análise da literatura realizada durante o nosso estágio que não existe uma solução milagrosa para a proteção contra os riscos incorridos. A gestão dos riscos é o processo de identificação, avaliação e hierarquização dos riscos associados às actividades de uma organização, independentemente da sua natureza ou origem. Permite tratar os riscos potenciais de forma metódica, coordenada e eficaz em termos de custos, a fim de reduzir e controlar a probabilidade de acontecimentos temidos e evitar o impacto potencial desses acontecimentos.

O nosso estudo dos ETF sectoriais SPDR demonstrou que, embora o sector financeiro (XLF) e o sector dos serviços financeiros (XLFS) estejam classificados entre os melhores sectores em termos de rendibilidades médias trimestrais e anuais, também apresentam os rácios de fluxo de caixa livre por ação com melhor desempenho, mas os valores mais elevados de assimetria da volatilidade e os valores mais baixos de VaR e de défice esperado. Esta discrepância pode ser atribuída à crise financeira global que começou em 2007, que amplificou o movimento e fez com que os preços do mercado de acções caíssem a pique, especialmente para os bancos e as instituições financeiras.

As nossas variáveis intra-industriais e inter-industriais explicam melhor as rendibilidades entre activos do universo das acções em relação aos indicadores de risco na forma mais ampla do mercado comum. Como discutido no Capítulo 2, pode haver várias vantagens na decomposição dentro do sector, mas a nossa análise de componentes não mostra qualquer vantagem em relação à abordagem padrão. As variáveis que examinámos podem ter um poder explicativo não relacionado com a classificação setorial. Se uma variável é um preço independente do sector, subtraí-la significa, portanto, perder informação.

Em linha com os resultados do artigo estudado, verificamos para os rácios anuais e semestrais do Free Cash Flow Per Share nas dimensões Most-Recent Reported View (MR) e As Reported View (AR) que o coeficiente de inclinação Intra-indústria é ligeiramente superior ao coeficiente de inclinação de todo o mercado e que a diferença entre a inclinação Intra-indústria e a inclinação Trans-indústria é estatisticamente significativa. Os valores do rácio Preço-valor contabilístico nas dimensões (MR e AR) encontrados mostram que os coeficientes de inclinação Dentro da indústria e em todo o mercado são quase iguais. O decréscimo observado no poder é impulsionado por um forte efeito da medida de declive inter-industrial.

Printed by Books on Demand GmbH, Norderstedt / Germany